養生，其實不必花大錢買各類名貴藥物；
養生，可以從改變我們的日常飲食做起！

吃出來的免疫力

水果甜蜜的外表下 隱藏著仙丹還是毒藥？

許承翰，才永發 著

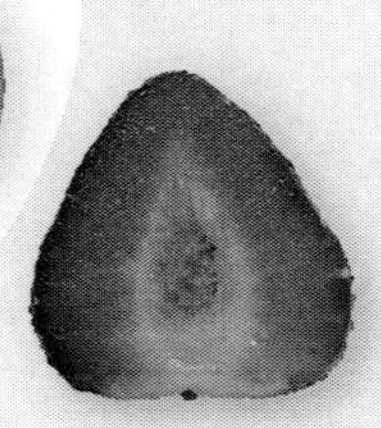

臺灣是芒果出口大國，很多人卻對芒果過敏？！

通便利器香蕉和番薯最好不要同時吃？！

怕胖而選擇沒有完全熟透的水果，當心食物中毒？！

吃出來的免疫力

水果甜蜜的外表下，隱藏著仙丹還是毒藥？

目錄

吃出來的免疫力
水果甜蜜的外表下，隱藏著仙丹還是毒藥？

吃出來的免疫力
水果甜蜜的外表下，隱藏著仙丹還是毒藥？

吃出來的免疫力

水果甜蜜的外表下，隱藏著仙丹還是毒藥？

前言

健康白區養生護照

「健康是金、長壽是福」，在人們日益不堪承受生命之重的今天，健康長壽就成了除事業外，另一個需要我們去攀登與占領的高地。

養生，又稱攝生、道生、養性、保生、壽世等。所謂養，就是人們常說的保養、調養、補養的意思；所謂生，就是生命、生存、生長的意思。總之，養生就其本意，是指根據生命的發展規律，為達到保養生命、健康精神、增進智慧、延長壽命等目的的一種科學理論和方法。養生，滲透於生活的點點滴滴，我們可以肯定的說永生是笑談，但我們也可以同樣肯定的說在養生的貼身呵護下，我們的健康長壽觸手可及。

基於此，我們廣泛聽取了諸如醫藥專家、營養學家等的意見和建議，並在透過大量有關健康的調查、分析和總結基礎上，組織專家富有針對性的編寫了這套養生宜忌叢書，包括蔬菜養生、水果養生、野菜養生、雜糧養生、藥膳養生、本草養生、四季養生、茶飲養生、水產品養生、肉禽蛋乳養生。如果一套書是一本奔向健康的護照，那麼一本書就是一次次通關的簽證；一套書形成的是一個對病魔的戰場，那麼一本書就是以膳食作為基礎性材料，構建的一道「健康的馬其諾防線」。

雖然我們沒有擺出為健康清理門戶的姿態，以「療治」的身份去衝鋒陷陣；雖然我們沒有秉持防患於未然的策略理論，吹響「預防」的衝鋒號，但我們本著「健康神聖不可侵犯」的決心和氣魄精心布陣，取料便捷、出身寒門的「釋名」，按圖索驥、招之即來的「採集加工」；衝鋒陷陣、本色不改的「性味」與「營養成分」；步步為營、層層設防的「附方」和「養生食譜」，他們各自忠於職守，又互相連結、眾志成城，相信在拿到這十張簽證的時候，健康護照便指日可待了！

「路漫漫其修遠兮，吾將上下而求索」，一份責任讓我們從容出發，一份信心讓

吃出來的免疫力
水果甜蜜的外表下，隱藏著仙丹還是毒藥？

我們在健康之路上堅定前行，但是，我們需要您的支持、鼓勵和指正！祝願各位讀者健康快樂！

荸薺

【簡介】荸薺為莎草科植物荸薺的球莖。又名地栗、馬蹄、烏芋、黑山稜、鳧茈、尾梨。栽培於溫暖地區。荸薺含粗蛋白、澱粉、脂肪、鈣、磷、鐵、維他命C等，還含有一種不耐熱的抗菌成分荸薺英。此外，荸薺還含有防治癌症的有效成分，有抑瘤效果，臨床醫生多用之於肺癌、食道癌、乳癌，可作為輔助食品。

【性味】性寒，味甘；入肺、脾、胃經。

【功效主治】

清熱化痰，化積利腸，生津止渴，通淋利尿，消癰解毒。主治熱病消渴，黃疸，目赤，咽喉腫痛，小便赤熱短少，外感風熱，痞積等病症。

【食療作用】

(1) 清熱化痰：荸薺甘寒，能清肺熱，又富含黏液質，有生津潤肺化痰作用，故能清化痰熱，治療肺熱咳嗽、咳吐黃黏膿疾等病症。

(2) 利腸化積：荸薺含有粗蛋白、澱粉，能促進大腸蠕動。荸薺所含的粗纖維有滑腸通便作用，可用來治療便祕、痞積等症。

(3) 生津止渴：本品質嫩多津，可療熱病津傷口、渴之症，對糖尿病尿多者，有一定的輔助治療作用。

(4) 通淋利尿：荸薺水煎湯汁能利尿排淋，對於小便淋瀝澀痛者有一定治療作用，可作為尿路感染患者的食療佳品。

(5) 抗菌、抗病毒：近年研究發現，荸薺含有一種抗病毒物質，可抑制流腦、流感病毒，能用於預防流腦及流感的傳播。

【附方】

(1) 治熱病津傷，口渴心煩:荸薺120克，洗淨去皮，搗爛絞汁飲服，每日1～

2 次。

(2) 治高血壓及咳嗽吐濃痰：荸薺 100 克，海蜇頭 100 克，煮湯，每日 3 ～ 4 次。

(3) 治風火赤眼：鮮荸薺 120 克洗淨去皮，搗爛，用紗布絞汁點眼，每次 1 ～ 2 滴，每日 3 ～ 4 次。

(4) 治黃疸溼熱，小便不利：荸薺 150 克，打碎，水煎代茶飲。每日 5 次。

(5) 治咽喉腫痛：荸薺 150 克，打碎絞汁飲服，每日 3 次。

(6) 治大便下血：荸薺 150 克，打碎絞汁大半盅，好酒半盅，空腹溫服。

(7) 治小兒口瘡：荸薺燒存性，研末摻之，每日 2 ～ 3 次。

(8) 治食積痞悶：荸薺 50 克，白術 10 克，枳殼 9 克。水煎服，每日 2 次。

(9) 治目生翳障：荸薺 50 克，玄參 12 克，白芨 10 克，百草霜 9 克，升麻 6 克。水煎服，每日 2 次。

【養生食譜】

菜滷煮荸薺

【原料】鮮荸薺 800 克，閉甕菜滷 500 毫升。

【製作】將荸薺洗淨，削去外皮，以閉甕菜滷煮荸薺，至荸薺熟即可裝盤食用。

【功效與特點】

此菜具有健脾消食，清熱化痰，降低血壓的功效，適宜於痰瘀內熱，高血壓患者食用。

醃菜炒荸薺

【原料】鮮荸薺 400 克，醃菜 300 克。

【製作】將荸薺洗淨，煮熟後去皮切片，再將醃芥菜切丁，油熱後下荸薺。醃芥菜丁煸炒片刻，加鹽少許，起鍋裝盤。

【功效與特點】

此菜清涼袪火，鮮香開胃，消食寬腸，肺胃積熱者食之最宜。

荸薺圓

【原料】荸薺 500 克，豆粉、薑末適量。

【製作】將荸薺洗淨去皮，煮熟後搗如肉醬，加鹽及薑末、豆粉，擠成丸子，入油鍋，旺火炸透，撈起濾油裝盤。原油鍋中入好湯，加生粉勾芡成滷，澆在荸薺上即成。

【功效與特點】

此菜味鮮滑口，具有消食開胃，利腸通便作用。消化不良，納呆，便祕之人可常食之。

荸薺飲

【原料】荸薺 150 克。

【製作】荸薺洗淨後入瓦鍋中煎湯，至荸薺煮熟即可食用。

【功效與特點】

此湯清香甘甜，可代茶飲用。具有清熱利尿，通淋消腫作用。是尿道感染，腎炎水腫患者的食療佳品。

煮荸薺

【原料】鮮荸薺 250 克，甘蔗 1 根。

【製作】將荸薺洗淨，甘蔗去皮切成 3 公分長小段，共入鍋中煎煮，至荸薺熟後即可食用。

【功效與特點】

本品具有清熱消炎，生津止渴的功效。適宜於發熱後期所致的心煩口渴，低燒不退諸病症，還可預防流感。

荸薺湯

【原料】荸薺 150 克，冰糖適量。

【製作】荸薺削皮，洗淨，加水適量，與冰糖同煮至荸薺熟。每日 1 次，喝湯吃荸薺。

【功效與特點】

消積除溼解毒。適用於腸癌術後或未能手術者。

荸薺茅根湯

【原料】鮮荸薺 120 克，鮮茅根 100 克，白糖少量。

【製作】將荸薺去外皮，清水洗淨，搗碎絞取汁，待用。把鮮茅根去雜，清洗乾淨，放入鍋內，加清水適量，熬煮半小時，去渣取汁。將荸薺汁與茅根汁混合一起，加入少量白糖攪勻即成。代茶頻飲。

【功效與特點】

滋陰降火，生津止血。適用於陰虛血虧，虛火上炎，口舌乾燥，乾咳無痰或口舌生瘡，咳血者。

涼拌三鮮

【原料】竹筍 30 克，荸薺 40 克，海蜇 50 克，調味品適量。

【製作】竹筍切成片，以沸水焯後瀝乾；將荸薺洗淨切片；把泡好的海蜇洗淨切絲，用熱水焯一下即可。將上原料加調味品涼拌。佐餐食用。

【功效與特點】

清熱化痰，止咳平喘。適用於邪熱犯肺，咳嗽黃痰者。

瓜皮荸薺粥

【原料】西瓜皮、荸薺各適量，粳米 100 克。

【製作】西瓜皮切成塊，去翠衣及瓤後，取白色層切絲，荸薺切絲，粳米洗淨，一起放入鍋內，煮成粥即可。食粥，用量每日分 2 次吃完。

【功效與特點】

清熱利溼消腫。適用於腎炎水腫患者。

【宜忌】荸薺性寒，不易消化，食之過量令人腹脹，小兒及消化力弱者不宜多食。

檳榔

【簡介】檳榔為棕櫚科植物檳榔的種子，又名大腹子、仁頻、賓門、橄欖子等。臺灣有大量種植。秋季採摘，熏乾備用。

【性味】性溫，味苦辛；入脾、胃、大腸經。

【功效主治】

殺蟲破積，下氣行水。主治蟲積，食滯，脘腹脹痛，瀉痢後重，瘧疾，水腫，腳氣，腐結等病症。

【食療作用】

(1) 驅蟲作用：檳榔鹼是有效的驅蟲成分，對豬肉條蟲有較強的癱瘓作用，對牛肉條蟲可使其頭部和未成熟節片完全癱瘓，體外試驗時對鼠蟯蟲也有麻痺作用，還可使蛔蟲中毒。

(2) 抗病毒：抑真菌檳榔肉浸液在試管內，對堇色毛癬菌等皮膚真菌有不同的抑制作用。煎劑和水浸劑對流感病毒 A 型某些株有一定抑制作用。這些作用與其含有大量鞣質有關。

(3) 破積行水：檳榔鹼可興奮 M- 膽鹼受體引起腺體分泌，增加腸蠕動，收縮支氣管，擴張血管，同時也可興奮 N- 膽鹼受體引起骨骼肌、神經節興奮，使積血運行加快，體內水液正常輸布。達到行水破積之效。

(4) 助消化：檳榔鹼可興奮 M- 膽鹼受體，嚼食檳榔能使胃腸平滑肌張力升高，增強腸蠕動，促進胃液的分泌，故可幫助消化，增進食慾。

(5) 抗高血壓：檳榔中分離得到的 Areca 11-5-C 物質體外試驗，具有明顯抑制血管收縮素轉化酶（ACE）的活性，對血管收縮素 I 和 H 的升壓反應產生量效抑制作用。

(6) 防癌抗癌：從檳榔中分離的多酚腹腔注射，對小鼠移植性艾氏腹水癌有顯著的抑制作用，在體外對 Hela 細胞有中等強度的細胞毒作用。

【附方】

(1) 治薑片蟲，條蟲，蛔蟲：檳榔 25 克，南瓜子 25 克。將南瓜子研細後，加適量白糖拌勻，檳榔水煎湯送服，每日 1 次，空腹服。或將南瓜子 60 克，炒熟去殼，空腹一次吃下，隔 2 小時後，用檳榔 45 克煎湯服下，隔半小時後再用玄明粉 10 克，化水服下。令患者腹瀉，將蟲體驅出體外。

(2) 治食積滿悶，嘔吐痰涎：檳榔 6 克，法半夏 6 克，砂仁 6 克，蘿蔔子 6 克，麥芽 15 克，乾薑 6 克，白術 6 克。水煎服，每日 1 次。

(3) 治脘腹痛：檳榔 100 克，高良薑 100 克，炒黃，研細末，米湯調下，每次 9 克，每日 3 次。

(4) 治急慢性腎炎：檳榔果皮（大腹皮）15 克，通草 50 克，車前草 50 克。水煎服，每日 2 ～ 3 次。

(5) 治青光眼，眼壓增高：檳榔 20 克，水煎服。藥後以輕瀉為度。每日 2 ～ 3 次。

(6) 治流行性感冒：檳榔 10 克，黃芩 9 克。水煎服，每日 2 ～ 3 次。

(7) 治瘧疾：檳榔 12 克，烏梅肉 9 克，臭梧桐 9 克，水煎湯，發作前 2 ～ 3 小時服下。每日 1 次。

【養生食譜】

檳榔汁

【原料】新鮮檳榔 120 克。

【製作】先將檳榔洗淨切碎，放入瓦罐中，加開水 500 毫升，浸泡 120 分鐘，後以中火煎至 200 毫升，濾出汁液，清晨空腹頓服。

【功效與特點】

此汁具有驅蟲殺菌之功效，可用於治療條蟲，蛔蟲，鞭蟲，薑片蟲及幽門螺桿菌感染等病症。

檳榔生薑湯

【原料】新鮮檳榔 3 個，生薑 20 克。

【製作】檳榔洗淨後以持搗爛備用；生薑洗淨，搗爛後，絞取薑汁備用；將薑汁，檳榔同放鍋中，加水 100 毫升，煮沸後續煎 5 分鐘，待用飲湯。

【功效與特點】

本湯具有破積下氣，行水止嘔的功效。可用於治療癰氣上衝，心悶欲死的病症。

檳榔苦瓜湯

【原料】新鮮檳榔 3 個，苦瓜 300 克，豆豉少許。

【製作】將檳榔洗淨，切成片備用；苦瓜剖開去內瓤，洗淨，切絲；兩者共入瓦罐中，放入豆豉、精鹽適量，清水 300 毫升，以中火煎 10 分鐘，調入味精即可食用。

【功效與特點】

本湯具有清熱解毒，涼血止痢的功效，可用來治療下痢膿血，痢疾後重之病症。

【宜忌】氣虛下陷者慎服。凡瀉後、瘧後虛痢患者，切不可用。

鳳梨

【簡介】鳳梨為鳳梨科植物鳳梨的果實，又名鳳梨、露兜子、黃梨等。臺灣有大量種植。鳳梨營養豐富，它的維他命 C 含量是蘋果的 5 倍，又富含朊酶，能幫助人體對蛋白質的消化，並能提供豐富的果糖、葡萄糖、檸檬酸、蛋白酶等。

【性味】性平，味甘微酸；入脾、腎經。

【功效主治】

清熱解渴，消食止瀉，祛溼利尿，抗炎消腫。主治消化不良，泄瀉，低血壓，水腫，小便不利，糖尿病等病症。

【食療作用】

(1) 清熱解渴：鳳梨中含有大量維他命 C、碳水化合物、水分、無機鹽及各種有機酸，能有效補充人體的水分及營養物質，達到清熱解渴之效果。

(2) 消食、利尿、抗炎：鳳梨果皮富含鳳梨蛋白酶，這種物質能幫助蛋白質的消化，具有消食止瀉和利尿作用，並可局部抗炎消水腫，加速組織癒合和修復。

(3) 抗血栓：鳳梨蛋白酶能加速溶解纖維蛋白和蛋白凝塊，降低血液黏度，具有抗血栓作用，對心腦血管疾病有一定的輔助治療效果。

【附方】

(1) 治支氣管炎：鳳梨肉 120 克，蜂蜜 30 克。水煎服，每日 2 次。

(2) 治腸炎腹瀉：鳳梨葉 30 克，水煎服用。每日 2 ～ 3 次。

(3) 治痢疾：鮮鳳梨（削皮）60 ～ 100 克生吃，或鳳梨罐頭 250 克，連汁液服用。每日 2 ～ 3 次。

(4) 治消化不良：鳳梨 1 個加工擠汁，每次服 15 ～ 25 毫升。每日 2 ～ 3 次。

(5) 治腎炎：鳳梨肉 60 克，鮮茅根 30 克。水煎服，每日 2 ～ 3 次。

(6)　治中暑發熱煩渴：鳳梨 1 個，搗汁擠汁，涼開水沖服。每日 1 ～ 2 次。

【養生食譜】

鳳梨飲

【原料】鮮鳳梨果肉 250 克，食鹽少許。

【製作】先將鳳梨果肉洗淨，切成 3 公分見方果丁，榨取果汁備用；取一大口杯，盛入涼開水 100 毫升，加入鳳梨汁、食鹽，攪勻後服用，每日 2 次。

【功效與特點】

此飲具有清熱解渴、除煩的功效，適用於虛熱煩渴之症。糖尿病患者飲用大有裨益。

鳳梨膏

【原料】鮮鳳梨 3 個，鮮蜂蜜 1500 毫升。

【製作】將鳳梨洗淨並削去外皮，切成 3 公分見方果丁，榨取果汁備用；將果汁倒入砂鍋，用文火煎，直至果汁變稠後，加入蜂蜜，拌勻成膏狀即成。每日早晚各服約 100 克。

【功效與特點】

本膏具有健脾益腎的功效，適用於脾腎氣虛，消渴，小便不利等病症。

鳳梨魚

【原料】鳳梨 1 個，帶皮鱖魚肉 500 克，新鮮豌豆 50 克。

【製作】鳳梨洗淨，削去果皮，切成塊備用；魚肉洗淨，在一面剞十字花刀，然後切成方塊備用；豌豆洗淨，放入鍋中煮爛；將魚肉放入碗中，加入精鹽、料酒拌勻，再加入溼澱粉抓勻，然後粘上乾澱粉，使花刀分開；將鍋置火上，加入花生油加熱，下魚塊炸透，以漏勺撈出；另取鍋放火上，加適量花生油並燒熱，放蔥、薑、蒜及鳳梨塊、青豌豆稍炒，再放入番茄醬、白糖、料酒、精鹽、味精和水，煮沸，以溼澱粉勾芡；油鍋燒熱至油沸騰，在盛汁的鍋內加入沸油余汁，後加入魚塊，翻炒幾下便成。

【功效與特點】

本餚具有補氣養血，健脾益胃的功效。適用於氣血虛弱，胃弱食少，脾虛泄瀉等病症。

鳳梨杏仁凍

【原料】鳳梨罐頭 500 克，甜杏仁 100 克，白糖 250 克，凍粉適量，杏仁精少許。

【製作】將杏仁用開水稍泡後，撈出去皮剁碎，磨成漿，過濾去渣；鳳梨切成小片狀；凍粉放入碗中，加入適量清水，上蒸籠蒸化後取出，過濾去渣；將鍋放火上，倒入杏仁漿，加入凍粉，用旺火煮沸，然後放入杏仁精，攪勻後盛入碗內，晾涼後裝入冰箱冷凍；原鍋洗淨放火上，加入適量清水、白糖，煮沸後裝入盆中，晾涼放入冰箱冷凍，然後取出待用；將杏仁凍切成菱形塊，放入冰糖水中，撒入鳳梨片即成。

【功效與特點】

本食具有潤肺止渴，養胃生津的功效。適用於肺虛燥咳，胃燥津傷，口乾口渴，暑熱煩渴，大便燥結及慢性氣管炎，咽炎等病症。無病者食之有滋補強壯之功。

鳳梨雪蛤

【原料】蛤蟆油 15 克，鳳梨罐頭 1 個，白糖 250 克。

【製作】蛤蟆油用水泡發，擇去雜物，放入保溫壺中，用 40°C熱水泡 4 小時，取出備用。鍋內加清水 500 毫升，放入白糖、蛤蟆油，煮沸後改小火煮 10 分鐘，將鳳梨切小塊下入鍋內，煮沸即可。每日 1 次食完，每週 2 次。

【功效與特點】

清熱滋陰潤肺。適用於肺胃有熱，口渴咽乾，夜間盜汗者。

鳳梨羹

【原料】鳳梨 100 克，鮮蓮子 12 個，白糖 300 克。

【製作】

(1) 將蓮子剝皮、去心，放入鍋中用糖水煮約 5 分鐘，連糖水一起晾涼；鳳梨切成 1 公分見方的丁。

(2) 鍋架火上，放清水加糖燒開，晾涼後放入冰箱內。將鳳梨丁、蓮子和原汁分裝在 12 個小碗裡，沖入冰鎮水即可。

【功效與特點】

本甜品香氣四溢，味甜如蜜，具有生津止渴，助消化的功用。

鳳梨牛肉

【原料】鳳梨 1 個，牛肉 250 克，嫩薑 50 克，青、紅椒各 1/2 個，蔥 2 根。

調味料：

(1) (1) 醬油 1 大匙、米酒 1 茶匙、白胡椒少許、蘇打粉 1/4 茶匙；

(2) (2) 蛋白 1 個、太白粉 1 大匙、沙拉油 1 大匙；

(3) (3) 蠔油 1 大匙、糖 1 茶匙、高湯 1/4 杯；

(4) (4) 太白粉 1 茶匙、麻油 1/2 茶匙。

【製作】鳳梨去皮、橫切掉 1/3，將果肉挖出，切片備用。蔥切段，青、紅椒切菱片。牛肉切片與調味料

(1) (1) 醃 30 分鐘後，再入調味料

(2) (2) 攪拌。炒鍋入油 3 杯以中火燒熱，加入牛肉及青、紅椒過油後撈出。鍋中留 1 大匙油，先炒香蔥、嫩薑，再加入調味料

(3) (3) 燒開，入所有材料拌炒勾芡後，再淋上麻油即可盛入鳳梨盅內。

【功效與特點】

清熱健脾，滋陰潤肺。

鳳梨炒飯

【原料】鳳梨 1 個、火腿 60 克、白飯 600 克、蝦仁 80 克、魚鬆 50 克、洋蔥 70 克、雞蛋 3 個、黑胡椒少許、鹽 3 克。

【製作】鳳梨切對半，果肉挖出切丁；洋蔥洗淨與火腿切丁；雞蛋打散備用。起油鍋入油 1 杯，將蝦仁過油至變色後撈出瀝乾。鍋中留油 3 大匙，先將雞蛋炒開，再依序入洋蔥丁、火腿丁、鳳梨丁炒香，加白飯拌炒後，以黑胡椒及鹽調味，最後再加入蝦仁炒勻。將炒好的飯盛入鳳梨殼中，上面再輕撒些魚鬆即可。

【宜忌】鳳梨含有生物苷和鳳梨蛋白酶，少數人可引起過敏，如腹瀉、腹痛、全身發癢、皮膚潮紅，甚至呼吸困難或休克等，所以食前需將鳳梨切成片狀，用鹽水或蘇打水泡 20 分鐘，以防止過敏反應。因鳳梨蛋白酶能溶解纖維蛋白和酪蛋白，故消化道潰瘍、嚴重肝或腎疾病、血液凝固功能不全等患者忌食，對鳳梨過敏者慎食。

菠蘿蜜

【簡介】菠蘿蜜為桑科植物木菠蘿的果實。又稱樹鳳梨、木菠蘿、牛肚子果，古稱阿薩、婆那娑。原產印度和東南亞。果肉和果核可食。果肉具獨特香甜味，鮮食或加工罐頭、果脯、果汁。種子富含澱粉，煮食。木材做傢俱及供建築用材。根、葉入藥。

菠蘿蜜品種可以分為多漿果（即溼苞）和乾漿果（即乾苞）兩大類。多漿果皮堅硬，肉瓤肥厚，多汁、味甜，香氣特殊而濃；乾漿果汁少、柔軟甜滑，鮮食味甜美，香氣中等。果實長橢圓形，單果重 10 ～ 30 公斤，大的達 50 公斤；成熟時，皮黃綠或黃褐色，外皮有六角 B 形瘤突起，堅硬有軟刺；肉淡黃白色，味甘甜多汁；含種子 100 ～ 500 粒，種子呈長卵形，種子去皮後，烘焙或蒸煮，味如飯豆，香似板栗。

【性味】味甘、微酸，性平。

【食療作用】

菠蘿蜜果皮發酵後可提取蛋白水解酶，作為抗水腫及抗炎藥物，口服可加強體內纖維蛋白的水解作用，將阻塞於血管中的纖維蛋白及凝血塊溶解，可改善體內的局部循環，消除炎症與水腫，對支氣管炎、關節炎、肩周炎等病症均有療效。

【附方】

(1) 治產後乳少或乳汁不通：木菠羅果仁 60 ～ 120 克。燉肉服，或水煎服，並食果仁。

(2) 下肢潰瘍，瘡癤焮赤，腫痛，溼疹:割取樹皮流出的液汁塗之，一日2次。

(3) 跌打損傷，瘡瘍癤腫，溼疹：菠蘿蜜樹葉，焙燥磨細粉，敷患部，一日 2 次。

(4) 慢性腸炎：種子仁炒燥磨粉，每服 15 克，米湯調服，一日 2 ～ 3 次，食前服。

【養生食譜】

泰式菠蘿蜜

【原料】菠蘿蜜 4 塊，雪耳 1 球，百合 6 片，馬蹄 10 粒，冰片糖 80 克，班蘭葉 12 片。

【製作】

(1) 班蘭葉、鮮百合、馬蹄分別洗淨，馬蹄剁成碎粒待用。

(2) 雪耳洗淨用清水泡發，待軟化撈出、去蒂、切成小朵。

(3) 菠蘿蜜切絲待用。

(4) 沸水 8 杯左右，將班蘭葉撕裂放入煲內，小火煲 25 分鐘，將班蘭葉撈起，隔掉渣後加冰糖、雪耳煲 10 分鐘，加入百合續煲數分鐘後熄火。

(5) 食用之前加入切絲的菠蘿蜜及馬蹄粒。

【功效與特點】生津除煩，解酒醒脾。

菠蘿蜜炒牛肉

【原料】牛柳肉 300 克，菠蘿蜜適量，蔥 1 棵，青椒、紅椒各 1/2 個，薑 1 片，油 1 湯匙。生抽 1 茶匙，魚露 1 湯匙，黑胡椒粉少許，蒜蓉 1 茶匙。調味料：生抽 1/2 茶匙，糖、鹽各少許。

【製作】

(1) 牛肉洗淨，切粗條，用醃料拌勻，備用。

(2) 菠蘿蜜、青椒和紅椒切片；蔥切段。

(3) 燒熱油適量，放入牛肉泡嫩油，取出，瀝去油。

(4) 燒熱油 1 湯匙，爆香薑片，牛肉回鍋，放下青椒、菠蘿蜜炒拌均勻，調味料炒合上碟。

【功效與特點】

消除雜症與水腫，改善體內的局部循環。

菠蘿蜜核桃凍

【原料】菠蘿蜜 10 克、核桃仁 250 克、糖桂花 5 克、石花菜 15 克、奶油 109 克、白糖 50 克。

【製作】先將核桃仁加水磨成漿。炒鍋置火上，加清水 250 克和石花菜燒至熔化，加入白糖拌勻。將核桃仁漿和石花菜、白糖汁混合拌勻，放入奶油和勻後置火上加熱至沸出鍋，倒入鋁盒內，待冷後放入冰箱冷凍。凍好後，用刀劃成菱形塊，入盤澆上糖桂花、菠蘿蜜，再澆上冷甜汁或湯水即成。

【功效與特點】

養血明目，生津止渴。

草莓

【簡介】草莓為薔薇科植物白草莓的果實。又名洋莓、洋莓果、野梅莓。原產歐洲，二十世紀初傳入中國而風靡華夏。草莓外觀呈心形，其色鮮豔粉紅，果肉多汁，酸甜適口，芳香宜人，營養豐富，故有「水果皇后」之美譽。

【性味】性涼，味甘、酸；入脾、胃、肺經。

【功效主治】

潤肺生津，健脾和胃，補氣益血，涼血解毒。主治肺熱咳嗽，咽喉腫痛，食慾不振，小便短赤，體虛貧血及瘡癤，酒醉不醒等病症。

【食療作用】

(1) 調和脾胃：草莓具有生津養胃之效，飯前食用，可刺激胃液的大量分泌，幫助消化，適用於食慾不振，餐後腹脹等病症。

(2) 滋陰養血：草莓含多種糖類、檸檬酸、蘋果酸、胺基酸，且糖類、有機酸、礦物質比例適當，易被人體吸收而達到補充血容量，維持體液平衡的作用。

(3) 療瘡排膿：草莓含多種有機酸、維他命及礦物質，外敷瘡癤患處，可取得涼血解毒，排膿生肌的作用

(4) 增強體質：草莓含有豐富的營養物質和微量元素，有助於增強機體的免疫力，提高身體水準。

(5) 防癌抗癌：草莓中所含有的鞣花酸能保護人體組織不受致癌物質的傷害，且一定的抑制惡性腫瘤細胞生長的作用。

【附方】

(1) 治風熱咳嗽：草莓 50 克，生食，或草莓 30 克，雪梨 1 個，絞汁服，每日 2 ～ 3 次。

(2) 治口舌糜爛，咽喉腫痛：草莓 50 克，生食，或草莓 30 克，西瓜 500 克，絞汁服，每日 2～3 次。

(3) 治便祕：草莓 50 克，生食，每日 2～3 次。

(4) 治高血壓：草莓 50 克，生食，每日 3 次。

(5) 涼血解毒，治療瘡癤腫痛：鮮草莓 200 克，紅糖 150 克。將草莓洗淨搗爛，加入紅糖調勻，製成紅糖草莓膏。塗敷患處。

【養生食譜】

冰糖草莓

【原料】新鮮草莓 100 克，冰糖 30 克。

【製作】先將草莓洗淨搗爛，加冷開水 100 毫升並過濾取汁；冰糖搗碎，果汁中加入冰糖，不斷攪拌，使冰糖完全溶化，分兩次飲用。

【功效與特點】

潤肺止咳，適用於咽乾舌燥、乾咳無痰等日久不癒的病症。痰溼內盛患者不宜食用。

草莓橘瓣飲

【原料】鮮草莓 200 克，鮮橘子 100 克。

【製作】草莓洗淨，橘子剝去外皮，並分成橘瓣；上兩者共同放入砂鍋內，加白糖 100 克，清水 500 毫升，旺火煮沸 3 分鐘停火，待溫飲用。

【功效與特點】

本飲具有生津和胃的功效，適用於脾胃不和，食慾不振等病症。

草莓酒

【原料】新鮮草莓 500 克，純鮮米酒 400 毫升。

【製作】將草莓洗淨並搗爛，以紗布過濾取果汁；取一瓦罐，將果汁、米酒盛入罐中，密封 1 天後飲用，每日 3 次，每次 20 毫升。

【功效與特點】

此酒具有補氣養血的功效，可治療久病體虛，營養不良，消瘦貧血等病症。

奶油草莓

【原料】鮮草莓 250 克，奶油 50 毫升。

【製作】將草莓洗淨，再用 0.1% 的高錳酸鉀溶液浸泡 10 分鐘，後以清水漂洗乾淨，加入白糖 100 克拌勻，裝盤內；把奶油、香草放在一起攪勻，擠在草莓上即成。

【功效與特點】

本食具有滋補養血，生津潤燥，養心安神的功效。適用於氣血虧虛，身體削瘦，口乾消渴，大便燥結，神經衰弱，失眠多夢及習慣性便祕等病症。健康者食之，可滋補強壯，潤澤肌膚，抗衰延年，是美容及老年保健的佳品。

【宜忌】痰溼內盛，腸滑便瀉者不宜多食。

柳丁

【簡介】為芸香植物甜橙的成熟果實。又名黃果、金球、金橙、鵠殼。

【性味】性溫，味辛微苦；入肺、脾、胃、肝經。

【功效主治】

開胃消食，生津止渴，理氣化痰，解毒醒酒。主治食積腹脹，咽燥口渴，咳嗽痰多，食魚蟹中毒，醉酒等病症。

【食療作用】

(1) 降低毛細血管脆性：鮮橙果實中含有的橙皮苷，可降低毛細血管脆性，防止微血管出血。而豐富的維他命 C、P 及有機酸，對人體新陳代謝有明顯的調節和抑制作用，可增強機體抵抗力。

(2) 通乳汁：甜橙具有疏肝理氣，促進乳汁通行的作用，為治療乳汁不通、乳房紅腫脹痛之食品。

(3) 對消化系統作用：甜橙果皮煎劑具有抑制胃腸道（及子宮）平滑肌運動的作用，從而能止痛、止嘔、止瀉等；而其果皮中所含的果膠具有促進腸道蠕動，加速食物透過消化道的作用，使糞脂質及膽固醇能更快的隨糞便排泄出去，並減少外源性膽固醇的吸收，防止胃腸脹滿充氣，促進消化。

(4) 對呼吸系統作用：橙皮具有寬胸降氣，止咳化痰的作用。實驗證明，橙皮含 0.93% ～ 1.95% 的橙皮油，對慢性氣管炎有效，且易為患者接受。甜橙果實所含諾司卡賓，具有與可待因相似的鎮咳作用，且無中樞抑制現象，無成癮性。

(5) 解魚蟹毒：醒酒甜橙果肉及皮能解除魚、蟹中毒，對酒醉不醒者有良好的醒酒作用。

【附方】

(1) 治胃陰不足，口渴心煩，或飲酒過度：可生食或絞汁飲。

(2) 治胃氣不和，嘔逆少食：柳丁切細，加鹽、蜂蜜煎服。亦可將柳丁連皮加糖製成橙餅泡服。

【養生食譜】

柳丁餅

【原料】鮮柳丁（半黃無傷者）、白糖各 1000 克。

【製作】柳丁洗淨，用小刀劃成棱，放入清水中浸去酸澀味（每日換水），待軟（約 1 ～ 2 天）後取出，擠去核。再浸 1 ～ 2 天取出；將三棱針插入棱縫，觸碎內瓤，然後入鍋，用清水煮到七八分爛，取出；趁熱拌白糖後晾晒，待糖吃盡時，再拌摻白糖晒，令糖吃盡，略壓扁裝瓶備用。日食 1 ～ 2 顆。

【功效與特點】

此餅具有寬胸理氣，和中開胃，生津止渴等功效。適用於咳嗽咳痰，噁心食少，咽乾口燥等病症。

香橙湯

【原料】柳丁 1500 克，生薑 250 克，炙甘草末 10 克，檀香末 25 克。

【製作】柳丁洗淨後，用刀劃破，擠去核，連皮切成片；生薑洗淨去皮，切成片；兩者皆放入乾淨砂缽內搗爛如泥，再加入甘草末、檀香末，揉和捏作餅，焙乾研為細末，每服 3 ～ 5 克，入鹽少許，沸湯點服。

【功效與特點】

此湯具有寬胸快氣，醒酒的作用。可用治胸悶、脘脹及醉酒等病症。

甜橙米酒汁

【原料】新鮮甜橙 2 顆，米酒 1 ～ 2 湯匙。

【製作】將柳丁洗淨，用刀劃破，擠去核，連皮放入果汁機中榨汁，再調入米酒飲用。每日 1 ～ 2 次服完。

【功效與特點】

此汁具有理氣消腫，通乳止痛的功效。適用於急性乳腺炎早期，乳房腫痛、乳汁不通者食之。

熏柳丁

【原料】柳丁數顆（隔年風乾者）。

【製作】將柳丁置桶內燒煙熏之，至熟。一日 4 次，每次食半隻。

【功效與特點】

此柳丁具有消炎止血，消腫定痛的功效，用作輔助治療痔瘡腫痛有良效。

夏橙鮮果水

【原料】夏橙 100 克，蜜糖 1 湯匙，蘇打汽水 100 毫升。

【製作】夏橙洗淨剝皮後，用果汁機壓汁後放入攪拌機，加入蜜糖後稍攪拌，再加適量冰，攪拌 20 ～ 30 分鐘，慢慢注入蘇打水即成。每天隨意飲。

【功效與特點】清暑生津，解煩止渴，消除疲勞。

【宜忌】柳丁破氣，易傷肝氣，不宜多食。

大棗

【簡介】為鼠李科植物棗的成熟果實。又名紅棗、乾棗、美棗、良棗。主產於河北、河南、山東、陝西等省。初秋果實成熟時採收晒乾，生用。

【性味】性平，味甘；入脾、胃、心經。

【功效主治】

補脾和胃，益氣生津，養血安神，調營衛，解藥毒。主治胃虛食少，脾弱便溏，倦怠乏力，血虛萎黃，神志不安，心悸怔忡，營衛不和，婦人臟躁等病症。

【食療作用】

(1) 增強人體免疫力：大棗含有大量的醣類物質，主要為葡萄糖，也含有果糖、蔗糖，以及由葡萄糖和果糖組成的寡醣、阿拉伯糖及半乳糖等；並含有大量的維他命C、核黃素、硫胺素、胡蘿蔔素、菸鹼酸等多種維他命，具有較強的補養作用，能提高人體免疫功能，增強免疫力。

(2) 增強肌力：增加體重實驗小鼠每日灌服大棗煎劑，共3週，體重的增加較對照組明顯升高，並且在游泳試驗中，其游泳時間較對照組明顯延長，這表明大棗有增強肌力和增加體重的作用。

(3) 保護肝臟：有實驗證實，對四氯化碳肝損傷的家兔，每日餵給大棗煎劑共1週，結果血清總蛋白與白蛋白較對照組明顯增加，顯示大棗有保肝作用。

(4) 抗過敏：大棗乙醇提取物對特異性反應疾病，能抑制抗體的產生，對小鼠反應性抗體也有抑制作用，提示大棗具有抗變態反應作用。

(5) 鎮靜安神：大棗中所含有黃酮醇有鎮靜、催眠和降壓作用，其中被分離出的柚配質C-糖化合物有中樞抑制作用，即降低自發運動及刺激反射作用、強直木僵作用，故大棗具有安神、鎮靜之功。

(6) 抗癌、抗突變：大棗含多種三萜類化合物，其中樺木酸、山楂酸均發現有抗癌活性，對肉瘤 S-180 有抑制作用。棗中所含的營養素，能夠增強人體免疫功能，對於防癌抗癌和維持人體臟腑功能都有一定效果。

【附方】

(1) 治過敏性紫癜：大棗生食，每日 3 次，每次 10 ～ 15 個，連續食用。或紅棗 15 ～ 20 個，水煎服，每日 3 次，連吃 5 ～ 7 天。

(2) 治血小板減少症：紅棗 120 克，水煎，濃縮，食棗飲湯，每日 2 次。

(3) 治白血球減少：紅棗 10 個，花生衣 10 克，加適量開水，燉湯內服。兒童酌減，每日 2 ～ 3 次。

(4) 治缺鐵性貧血：大棗 500 克（去核），黑豆 250 克，黑礬 60 克。大棗煮熟，黑豆碾爛，加入黑礬，共搗如泥為丸，每次 2 克，每日 3 次。

(5) 治產後不寐：大棗 10 個，當歸 5 克，酸棗仁 5 克。水煎服，每日 2 次分服。

(6) 治產後體虛：用紅棗 10 個，黨參 10 克。加水煎，代茶飲。

(7) 治高血壓早期：紅棗 15 克，香蕉梗 400 克（乾品 25 克），水煎，每日 3 次服。

(8) 治煩躁失眠：大棗 20 克，白米 30 克，加水同煮成粥睡前食用。或大棗 20 克，加白糖，睡前開水泡服，每日 1 次。

(9) 治血清膽固醇高：大棗 10 個，鮮芹菜根 10 棵，洗淨搗爛。水煎服用，或加水燉服亦可。每日 2 ～ 3 次。

(10) 治浮腫：紅棗 1500 克，大戟 500 克，加水共煮一晝夜。去大戟，將棗焙乾研末，為 12 小包，每次 1 包，每日 3 次（孕婦忌服）。

(11) 治虛汗，盜汗：大棗 10 個，烏梅 10 克，每日 1 劑 2 次煎服，連服 10 日為一療程。或紅棗 10 個，烏梅肉 9 克，桑葉 12 克，浮小麥 15 克。水煎服用。還可用南棗 30 克，三角麥 15 克，開水沖後燉服。

(12) 治胃痛：取大棗 7 個，丁香 40 個。大棗去核，丁香研細末，分裝棗內。燒焦研為細末，分 7 包，一次服 1 包，每日 2 次，開水沖服。或紅棗 7

個，紅糖 120 克，生薑 60 克，同煎，吃棗飲湯，每日 1 劑，2 次煎服，連服數日。或大棗 7 枚（去核），胡椒 7 粒。胡椒放棗內蒸熟，連服數日。

(13) 治胃，十二指腸潰瘍：黑棗、玫瑰花適量。棗去核，裝入玫瑰花，放碗內蓋好，隔水蒸熟。每次吃棗 5 個，每日 3 次。

(14) 治食慾不振，消化不良：乾大棗去核，慢火焙乾為末，每次 9 克，每日 3 次。服時加生薑末 3 克。

(15) 治黃疸型肝炎：大棗 250 克，茵蔯 60 克。共煎吃棗飲湯，早晚分服。

(16) 治血清轉胺酶高：每晚睡前服紅棗花生湯（紅棗、花生仁、冰糖各 20 克。先煮花生仁，後加紅棗、冰糖）。每日 1 劑。

(17) 治頭暈：小紅棗，冬青樹枝共煮，早晚隨意食棗。每日 2 ～ 3 次。

(18) (18) 治急性乳腺炎：大棗 3 個，蜘蛛 3 隻。大棗去核，各裝 1 隻蜘蛛，焙熟研末，用黃酒 15 ～ 20 毫升沖服。每日 2 次。

(19) 治胸腔積液:紅棗10個，葶藶子15克。每日1劑，兩次煎服，連服10天。

(20) 治小兒溼疹：去核紅棗適量，內放少許明礬末，用瓦焙乾，研末撒患處。每日 3 次。

(21) 治遺尿：乾紅棗 10 個煮熟，去皮去核製成棗泥，乾荔枝 10 個剝皮去核取肉，加入棗泥，略加水用文火稍煮。每日食用 1 次，連服用 1 個月。

(22) 治慢性腎炎早期：用紅棗、帶衣花生米各 60 克。文火煎湯食，連服用。配合藥物治療，可促進痊癒。

(23) 治痔瘡：紅棗 250 克（炒焦），紅糖 60 克。加適量水煮。每日分 3 次食棗飲湯。半個月為一療程。

(24) 治兒童病後脾虛，盜汗，自汗：用大棗 15 個，小棗 60 克，粳米 50 克。先用砂鍋將水燒開，放入糯米、小棗、大棗（去核）煮粥，以熟爛為宜。吃時可放入白糖或紅糖，分數次將粥吃完。

(25) 治神經衰弱：用紅棗 7 ～ 8 個，枸杞子 20 ～ 30 克，雞蛋 2 顆同煮。雞蛋熟後去殼取蛋再煮片刻，吃蛋飲湯。每日或隔日 1 次，一般 3 次左右即可見效。此法補虛勞，益氣血，健脾胃，養肝腎。適用於頭暈目花、精神恍惚、心悸健忘、失眠等神經衰弱患者服用。對視力減退，腎虛遺尿，尿後餘瀝，夜多小便，肺結核以及其他慢性消耗性疾病，都能收到輔助治療的效果。

（26） 治視力減弱：用紅棗、烏棗各 10 個，或單用紅棗 20 個，加豬肉或羊肉少許沖開水燉服，連服一週為一療程。

（27） 治過敏性紫癜，病後體虛：用紅棗 10 ～ 15 個，兔肉 150 克～ 200 克，砂鍋煮或隔水蒸調味服用。每日 2 ～ 3 次。

（28） 治病後體虛：大棗 8 ～ 10 克，黨參 20 ～ 30 克，水煎湯代茶飲用，連服 4 ～ 6 天。亦可加陳皮 2 ～ 3 克以調胃氣。每日服 2 ～ 3 次。

（29） 治月經過多，痔瘡出血：紅棗 20 ～ 30 個，水煎湯服食。每日 1 次，連服數日。

（30） 治肺燥咳嗽，腸燥便祕：蜜棗 5 ～ 8 個，豆瓣菜（也稱西洋菜）500 克，加清水適量燉湯服食。煎煮 2 小時以上效果為好。

（31） 治高血壓，頭痛：紅棗 20 個，向日葵花托 1 個，加清水 1500 毫升煎至 1 碗，飲湯食紅棗。每日 2 ～ 3 次。

（32） 治虛寒性胃痛，反胃：紅棗 5 個去核，每個紅棗內放入白胡椒 2 粒，放在飯上蒸熟食用。每日 2 ～ 3 次。

（33） 治血虛心悸，思慮過度，煩躁不安：紅棗 10 ～ 15 個，羊心 1 顆洗淨切塊，加適量水燉湯，用食鹽調味服用。每日 2 ～ 3 次。

（34） 治血虛心悸，陰虛盜汗，腎虛腰痛，鬚髮早白，脾虛足腫：大棗 50 克，桂圓肉 15 克，烏豆 50 克。加 1500 毫升水煎至 1000 毫升左右分早晚兩次服用。

（35） 治慢性支氣管炎，乾咳：紅棗 10 個，豆腐皮 50 克，白菜乾 100 克，加清水適量燉湯，用油鹽調味佐膳。每日 2 ～ 3 次。

（36） 治胃痛：取新鮮帶皮生薑數塊，每塊切成兩半，挖空中心，納入紅棗 1 枚後合好，放在炭火上煨生薑至焦黑後取紅棗食用，每次吃 5 ～ 6 枚。每日 2 次。此法散寒，暖胃，補脾，常用以治療虛寒性胃痛，口淡，多涎沫，胃寒嘔吐等。

(37) 治歇斯底里，失眠盜汗，煩躁不安：大棗 5 個，小棗 30 克，甘草 10 克。以清水 1000 毫升煎至 500 毫升左右，去渣飲湯。每次 100 毫升，每日 3 次。

(38) 治體虛倦怠，心悸失眠，食慾不振，便溏浮腫：大棗 20 克，黨參 10 克，白糖 50 克，糯米 250 克。將黨參、大棗、藥液備用。再將糯米洗淨，放在瓷碗中，加水適量，蒸熟後扣在盤中，將黨參、大棗擺在糯米飯上。藥液加白糖煎成濃汁倒在棗飯上即成。每日 1 次。

(39) 治久病體虛，脾虛氣弱：取紅棗 250 克，羊脂 25 克，糯米酒（或黃酒）250 毫升。先將紅棗放入鍋中，加水煮熱後，倒去水，加羊脂、糯米酒煮沸後晾涼，然後倒入玻璃瓶或瓷罐中，密閉儲存一週即可，每次吃棗 3 ～ 5 個，每日 2 次。

(40) 治心氣虛，神經衰弱：大紅棗 20 個，蔥白 7 根。將紅棗（洗淨用水泡發）放入鍋中，加適量水，用大火煮沸，約 20 分鐘後加入蔥白（連鬚），文火煎熬 10 分鐘即成，服時吃棗喝湯。每日 2 次。

(41) 治糖尿病：紅棗 150 克，去心蓮子 100 克，豬脊骨 1 具（洗淨剁碎），木香 3 克，甘草 10 克（後兩味藥用紗布包紮），同放鍋中加適量水，用文火燉煮 4 小時。分頓食用，以喝湯為主，也可吃肉、棗和蓮子。每日 2 次。

(42) 治血虛：乾紅棗 50 克洗淨，溫水泡發，花生米 100 克略煮，冷卻後取皮，將泡發的紅棗與花生米同放入煮花生米的水中，再加冷水適量，以文火煮 30 分鐘。撈出花生米皮，加紅糖 50 克，待糖溶化後收汁即可。本品有補氣生血之功效。對產後、病後血虛、營養不良性貧血、惡性貧血、血小板減少症以及癌症放療、化療後全血細胞計數異常等均有改善症狀的作用。

【養生食譜】

大棗湯

【原料】大棗 10 個，粳米 100 克，冰糖少許。

【製作】將粳米、紅棗淘洗乾淨，放入鍋內，用武火煮沸後，轉用文火燉至米爛成粥；將冰糖放入鍋內，加少許水熬成冰糖汁，再倒入粥鍋內，攪拌均勻即成。或紅棗 20 個，糯米 150 克，羊脛骨 1～2 根敲碎，同煮成粥。每日 3 次分服，15 天為一療程。

【功效與特點】

此湯具有健脾益氣，養血安神之功效。可治療血小板減少性紫癜、脾虛納差、便溏、神疲倦怠諸病症。

四紅益肝利溼湯

【原料】赤小豆 60 克，花生米連衣 30 克，紅棗 10 個，紅糖 2 匙。

【製作】紅棗用溫開水浸泡片刻，洗淨；赤豆、花生米洗淨後放入鍋內，加水 3 大碗，用小火慢燉 1 小時，再放入紅棗與紅糖，繼續燉 0.5 小時，至食物酥爛離火。每日 2 次，每次 1 碗，作早餐或點心吃。

【功效與特點】

此方具有補血益肝，健脾利溼，清熱消腫，行水解毒等作用。可輔助治療遷延性肝炎、慢性腎炎。

薏仁紅棗蜜

【原料】紅棗 10 個，糯米、生薏仁各 30 克，紅糖、蜂蜜各 1 匙。

【製作】薏仁用冷水洗淨、濾乾；紅棗用溫水漫泡片刻，洗淨；糯米淘洗乾淨，與薏仁、紅棗一起倒入小鋁鍋內，加冷水 3 大碗。用中火燒煮約 40 分鐘，離火。食前加蜂蜜和紅糖。每日 2 次，每次 1 碗，作早餐或下午當點心吃。2

個月為一療程。

【功效與特點】

此方具有補脾胃、除內溼的作用，是慢性腎炎水腫不甚嚴重、脾胃虛寒者的平穩食治方。長期食用，還有防癌作用。

人參大棗粥

【原料】人參粉 3 克，大棗 10 個，粳米 100 克，冰糖適量。

【製作】將大棗、粳米洗淨，放入鍋內，加入人參粉和水適量，先用武火煮沸後，再用文火煮至爛熟成粥（可稠可稀），酌加冰糖，攪勻備用。日服 2 ～ 3 次。

【功效與特點】

此粥具有益氣補中，健脾養胃之功效。胃口不開，短氣乏力者可常服。

紅棗豬肚糯米飯

【原料】豬肚 1 具，大棗、蓮肉各 30 克，肉桂 3 克，小茴香 9 克，白糯米 250 克。

【製作】豬肚洗淨，將上料均裝入豬肚內，用線將口綁緊，加水煮爛；豬肚蘸甜醬油分食。

【功效與特點】

此餚具有健胃和中，祛寒理氣止痛的功效。適用於胃脘冷痛，大便溏瀉或便不成形等病症。

紅棗燉羊心

【原料】羊心 1 顆，紅棗 10 ～ 15 個，鹽適量。

【製作】羊心洗淨切塊，將紅棗洗淨，與羊心一起入鍋內，加水適量煲湯，湯成加食鹽調味。每日 2 次，吃羊心喝湯。

【功效與特點】益氣養血。適用於氣血虧虛引起的心悸、失眠。

桂花紅棗羹

【原料】桂花 5 克，紅棗 250 克，白糖 30 克。

【製作】先將紅棗洗淨，用開水泡 2 小時，撈出，控乾水。鍋內添水，放白糖，燒開，撇去浮沫，紅棗下鍋，用中火煨熟爛，待水將燒乾時，入桂花即可食用。隨意食用。

【功效與特點】補脾和胃。適用於脾胃氣虛，食納欠佳者。

大棗薯蕷粥

【原料】大棗 10 個，薯蕷 200 克，稻米 50 克，白糖少許。

【製作】將稻米、薯蕷、大棗洗淨。薯蕷切成小塊。先將稻米和大棗煮至八成熟，再放入薯蕷，至薯蕷煮熟後加入少量白糖即可食用。每日早、晚隨量溫食。

【功效與特點】補益脾胃。適用於老年體弱食少之人。

棗糕

【原料】發麵 500 克，紅糖 250 克，小棗 90 克，蜜棗 60 克，小米麵 60 克，玫瑰 3 克。

【製作】把發麵放入食用鹼適量，放入盆中；將紅糖用玫瑰水溶化，與小米麵一起摻入發麵中，調攪成稀糊狀；將方模子放入蒸籠內（10 公分見方、6 公分高的模子），把調好的麵糊倒入一半，刮平，放上去核的小棗，再將剩下的一半麵糊倒上，在上面放蜜棗，用旺火蒸 20 分鐘即成。食用時切成小塊。

【功效與特點】補脾腎，益氣血。適用於食慾不振、貧血乏力者。

黑豆紅棗煲黃鱔

【原料】黃鱔 250 克，黑豆、紅棗各 100 克。

【製作】先將黃鱔去腸臟，洗淨切段，放入油鍋中用小火煎。然後將鱔魚放入瓦煲中，紅棗去核，與洗淨的黑豆一起入煲，加適量的水，用小火煲 3 小時左右，調味後可以食用。佐餐食用，每日 1 ～ 2 次。

【功效與特點】補脾益氣。適用於脾虛體弱者。

桂圓紅棗蒸鴨

【原料】淨鴨肉 2000 克，紅棗 50 克，桂圓肉、蓮子各 25 克，油菜心 10 棵，料酒、精鹽、味精、蔥、薑及胡椒粉各適量。

【製作】先將鴨肉洗淨出水，紅棗去核，桂圓肉洗淨，蓮子發漲、去皮去心、煮熟。蔥切段，薑切片。湯罐置火上，加水及上舉各物，並用料酒、精鹽、味精、白糖及胡椒粉調和味，待煮沸後，移小火上燉熟。然後將鴨肉撈出，放入砂鍋內，鴨脯朝上，將原湯過濾，倒入砂鍋中。把桂圓肉、紅棗及蓮子放鴨肉周圍，上籠蒸至酥爛，取出裝盒。油菜心加入雞湯、精鹽及味精置火上燒入味後，圍在鴨肉周圍即可。佐餐食用。

【功效與特點】補脾益氣，養血補虛。適用於體質虛弱者。

【宜忌】凡有痰溼、積滯、齒痛、蟲病者，均不宜食棗。

佛手柑

【簡介】為芸香科植物佛手的果實。又名佛手香橼、密羅柑、五指柑、手柑、福壽柑。果實冬季成熟，鮮黃色，基部圓形，上部分裂成手指狀，果肉幾乎完全退化，香氣濃郁。果實可供觀賞，也可製成蜜餞。

【性味】性溫，味甘酸微辛；入肝、脾、肺經。

【功效主治】

舒肝理氣，和胃化痰。主治肝氣鬱結之脅痛、胸悶，肝胃不和，脾胃氣滯之脘腹脹痛、噯氣、噁心，久咳、痰多等病症。

【食療作用】

(1) 平喘作用：檸檬油素對組胺所致豚鼠離體氣管收縮有對抗作用，對蛋清致敏的迴腸和離體氣管，顯示抗過敏活性，可用治過敏性哮喘。

(2) 解痙作用：佛手醇提取物對大鼠、兔離體腸管有明顯解痙作用，對乙醯膽鹼引起的兔十二指腸痙攣有顯著解痙作用，能迅速緩解胺甲醯膽鹼所致的胃、腸及膽囊的張力增加。

(3) 鎮痛作用：佛手醇提取物可顯著延長小鼠戊巴比妥鈉睡眠時間，並能延長小鼠番木鱉鹼驚厥的致死時間，明顯抑制小鼠酒石酸銻鉀或電刺激引起痛覺反應，減少扭體反應次數。

(4) 保護心臟：佛手醇提取物能顯著增加豚鼠離體心臟的冠脈流量，提高小鼠耐缺氧能力，對大鼠因垂體後葉素引起的心肌缺血有保護作用，對氯仿-腎上腺素引起的心律失常也有預防作用。

(5) 抗炎消腫：佛手柑中含有的香葉木苷、橙皮苷，具有抗炎消腫的作用。

【附方】

(1) 治肝氣鬱滯，脅肋脹痛，胸腹痞悶，噁心嘔吐，食慾不振：佛手單味水煎服；或同柴胡、青皮、枳殼水煎服。每日 2 ～ 3 次。

(2) 治肝氣犯胃，脘脅作痛，嘔吐吞酸，食不得入：單用本品水煎服；或同陳皮、黃連、山茱萸同水煎服。每日 2 ～ 3 次。

(3) 治痰氣犯肺而咳嗽痰多，胸悶氣急：可單用水煎服；或同橘紅、茯苓水煎服。每日 2 ～ 3 次。

【養生食譜】

佛手柑生薑汁

【原料】新鮮佛手柑 1 枚，鮮生薑 10 克。

【製作】將佛手柑洗淨，切成薄片備用；鮮生薑去皮洗淨，切成生薑片，與佛手柑片一同放入瓦罐中，加水 300 毫升，先以大火煮沸，再改文火續煎 20 分鐘，濾出汁液，待溫飲用。

【功效與特點】

本汁具有和胃化痰，健脾行氣之功效。可用於治療食慾不振，久咳痰多等病症。

佛手柑露

【原料】新鮮佛手柑 2 枚。

【製作】先將佛手柑洗淨，切成薄片，放入鋁鍋中。加水 1000 毫升，煎 25 分鐘，濾出果汁；將果汁盛於蒸餾器中，經蒸餾而取得的汁液即成為佛手柑露。

【功效與特點】

佛手柑露具有行氣解鬱的功能，可用於治療胸膈鬱悶不舒之病症。

佛手柑粥

【原料】佛手柑 15 克，粳米 100 克，冰糖 50 克。

【製作】先將佛手柑洗淨，切碎，加清水 1200 毫升，煎取 1000 毫升果汁，放瓦罐中備用；粳米淘洗乾淨，與冰糖一起放入佛手柑汁中，小火慢燉 30 分鐘成粥即可。

【功效與特點】

此粥由佛手柑，粳米相配而成，有健脾養胃，理氣止痛的功效。適用於胃弱氣滯、食慾不振、消化不良、脅脹、痰咳、嘔吐等病症。

佛手南瓜雞

【原料】鮮佛手花 10 克，老南瓜 1 個，仔雞肉 750 克，毛豆 250 克，蔥花、生薑末、精鹽、黃酒、糯米酒、味精、醬油、紅糖、糯米、花椒、豆腐乳汁、精製植物油、米粉各適量。

【製作】先將佛手花瓣洗淨，糯米和花椒炒熟，共研成粗粉；雞肉洗淨剁成塊，用蔥花、生薑末、精鹽、醬油、紅糖、豆腐乳汁、黃酒、糯米酒、味精拌勻醃一會兒，再下入米粉和植物油；毛豆輕輕搓去膜並洗淨，拌上與雞肉相同的調味料；南瓜刷洗乾淨，由蒂把周圍開一個 7 公分見方的口，取下蒂把留著做蓋，用一長把小勺將瓜瓤和籽挖出，由南瓜的開口處裝入一半的毛豆粒、一半的佛手花，再裝入雞肉塊，然後放入餘下的佛手花、毛豆粒，蓋上蓋，裝盤，上籠蒸熟爛即成。佐餐食用。

【功效與特點】補中益氣，健脾養胃。適於中老年體弱者食用。

【宜忌】陰虛有火，無氣滯者慎食。

甘蔗

【簡介】甘蔗（Sugarcane）屬於單子葉門，穎花群，禾本科，蜀黍族，甘蔗族。又名糖梗、竿蔗。盛產於熱帶及亞熱帶。甘蔗含糖量十分豐富，約為 18%～20%。它的糖分是由蔗糖、果糖、葡萄糖三種成分構成的，極易被人體吸收利用。甘蔗還含有多量的鐵、鈣、磷、錳、鋅等人體必需的微量元素，其中鐵的含量特別多，每公斤達 9 毫克，居水果之首，故甘蔗素有「補血果」的美稱。

【性味】性寒，味甘。

【功效主治】清熱，生津，潤燥，解酒。

【食療作用】

下氣，和中，助脾氣，利大小腸，止渴解酒。用於發熱口乾，肺熱咳嗽，咽喉腫痛，心胸煩熱，反胃嘔吐，妊娠水腫等。

【附方】

(1) 治發熱口渴：甘蔗 250 克去皮食之，喝汁，每日 2～3 次。

(2) 治胃反嘔吐，乾嘔不止：甘蔗榨汁半杯，生薑汁一湯匙，和勻，飲服，每日 2～3 次。

(3) 治虛熱咳嗽：甘蔗汁 60 克，蘿蔔汁 60 克，野百合 60 克，在百合煮爛後和入前汁，於臨睡前服食，每日 1 次，常服甚佳。

(4) 治肺燥咳嗽，咽乾痰稠：甘蔗汁 50 克，梨絞汁 50 克，兩汁混勻服，每日 2 次。或取汁與粟米煮粥食。每日 2 次。

(5) 治胃津亡而熱不解：甘蔗 100 克，生地 15 克，石斛 15 克，蘆根 15 克，梨 1 個，共絞汁飲。每日 2 次。

【養生食譜】

番茄甘蔗汁

【原料】番茄榨汁 150 毫升，甘蔗榨汁毫升。

【製作】兩者混合服用。

【功效與特點】可治傷暑口渴。

甘蔗紅茶

【原料】甘蔗 500 克，紅茶 5 克。

【製作】將甘蔗削去皮，切碎，和紅茶共煎。代茶飲。

【功效與特點】

清熱生津，醒酒和胃。治療氣候乾燥、咽乾口渴、喉癢咳嗽、過食肥膩食品等，為春季理想的保健飲料。

甘蔗高粱粥

【原料】甘蔗漿 500 克，高粱米 150 克。

【製作】將高粱米用溫開水浸泡，以漲透為度，用清水淘洗乾淨，待用。把煮鍋刷洗乾淨，加清水適量，置於旺火上煮沸，倒入鍋加蓋，用文火煮至粥成時，加入甘蔗將水拌勻，稍煮片刻，即可食用。每日早、晚食用。

【功效與特點】

滋陰潤燥，和胃止嘔，下氣止咳，清熱解毒。適用於病後傷津之人。

【宜忌】

(1) 平素脾胃虛寒，便溏腹瀉者忌食；糖尿病患者忌食。

(2) 不可食用變質甘蔗。據防疫部門檢驗報告，凡甘蔗剖面發黃、味酸，並有霉味、酒糟味和生蟲變壞的，均不能食用，否則可引起甘蔗中毒。

柑

【簡介】為芸香科木本植物，茶枝柑或甌柑等多種柑類的成熟果實。又名金實、柑子。木奴、新會柑、瑞金奴等。臺灣有栽培。冬季採收，去皮。

【性味】性涼，味甘酸；入脾、胃、膀胱經。

【功效主治】

生津止渴，潤燥，和胃，利尿，醒酒。主治胸熱煩滿，口中乾渴或酒毒煩熱，食少氣逆，小便不利等病症。

【食療作用】

(1) 軟化末梢血管：柑以含維他命 C 豐富而著稱，其所含維他命 P 能增強維他命 C 的作用，軟化末梢血管組織，柑中的橙皮苷等也有降低毛細血管脆性的作用，高血壓與肥胖症患者食之非常有益。

(2) 清利咽喉，生津止渴：柑果含有大量的維他命、有機酸等。味甘酸而性涼，能夠清胃熱、利咽喉、止乾渴，為胸膈煩熱、口乾欲飲、咽喉疼痛者的食療良品。

(3) 抗炎，抗過敏，降壓降脂：柑果中含有橙皮苷及維他命 P，對血管具有一定的抗炎、抗過敏及降脂、降壓的作用。

(4) 祛痰平喘，消食順氣：柑皮中與橘皮一樣含有橙皮苷、川陳皮素和揮發油等。揮發油的主要成分為檸檬烯、蒎烯等，稱為廣陳皮，因而功同陳皮。但祛疾平喘作用弱於陳皮，和中消食順氣的作用則強於陳皮。

(5) 利尿，溫腎止痛：柑果能入膀胱經，《開寶本草》記載其有利尿作用；柑核性溫，有溫腎止痛，行氣散結作用。是腎冷腰痛，小腸疝氣，睾丸偏墜腫痛的良藥。

【附方】

(1) 胃熱，心煩口渴，或飲酒過度：可直接食 1 ～ 2 個。或用本品絞汁和蜂蜜服，每日 1 ～ 2 次。

(2) 下焦結熱，小便不利：可直接食 1 ～ 2 個。或用本品取汁同茶水兌服，每日 1 ～ 2 次。

【養生食譜】

桂花銀耳柑羹

【原料】蜜柑 250 克，銀耳 30 克，冰糖 150 克，溼澱粉適量，糖桂花少許。

【製作】將蜜柑洗淨去皮；銀耳用溫水泡軟後，摘去根蒂，洗淨，放入碗內，加少量清水，上籠蒸約 1 小時取出；鍋放火上，將蒸好的銀耳連湯倒入，然後加入冰糖煮沸，撇去浮沫，再放入蜜柑複煮沸，用溼澱粉勾芡，再放糖桂花，出鍋裝碗即成。

【功效與特點】

此羹具有醒酒生津，潤肺止咳的功效。適用於飲酒過度，腸胃積熱，小便不利，口乾煩渴，陰虛久咳患者食之。無病者食之亦可強身健體。

冰糖燉柑子

【原料】鮮柑子 1 個，生薑 2 片，冰糖適量。

【製作】將柑子洗淨，帶皮切塊，放入容器中，加入生薑、冰糖及適量清水，隔水燉約 30 分鐘即成。

【功效與特點】

此方具有止咳化痰，醒酒生津的功效，適用於久咳，咳嗽痰多，飲酒過度及老年性氣管炎等病症。

柑皮飲

【原料】柑皮適量。

【製作】用柑皮煎水代茶頻飲。

【功效與特點】

此飲具有清咽利喉的功效，可用治咽喉疼痛。如有水腫者，則可與冬瓜皮適量配伍煎水代茶飲，其兼具利水的作用。

柑核金橘紫蒜湯

【原料】柑核 30 克，金橘 2 個，紫皮蒜 2 頭，白糖 30 克。

【製作】將柑核、金橘、紫皮蒜放入鍋中，加清水 2 碗，煮至 1 碗，放入白糖，調味溫服。

【功效與特點】

此湯具有行氣散結止痛的功效。適用於疝氣、脘腹冷痛、痛經等病症。

【宜忌】

柑性大寒，脾胃虛寒、大便溏泄者不宜多食；柑味酸有聚痰之弊，慢性咳嗽痰多者慎食。

橄欖

【簡介】為橄欖科植物橄欖的果實。又名甘欖、白欖、青果、忠果等。橄欖是南方特有的亞熱帶常綠果樹之一，橄欖果別名青果，因果實尚呈青綠色時即可供鮮食而得名。又稱諫果，因初吃時味澀，久嚼後，香甜可口，餘味無窮。比喻忠諫之言，雖逆耳，而於人，終有益。

橄欖富含鈣質和維他命C。中國是世界栽培橄欖最多的國家。其他栽培橄欖的國家有臺灣、越南、泰國、寮國、緬甸、菲律賓、印度以及馬來西亞等。

【性味】性平，味甘酸微澀；入肺、胃經。

【功效主治】

消腫利咽，生津解毒。主治咽喉腫痛、煩渴、咳嗽吐血、菌痢、癲癇及食物中毒等病症。

【食療作用】

(1) 利咽消腫：橄欖中含有大量鞣酸、揮發油、香樹脂醇等，具有滋潤咽喉，抗炎消腫的作用。

(2) 生津止渴：橄欖味道甘酸，含有大量水分及多種營養物質，能有效補充人體的體液及營養成分，具有生津止渴之效。

(3) 解魚蟹毒：古人發現橄欖可解河豚、毒蕈中毒等，近年研究認為其解毒功能與橄欖含大量鞣酸、香樹脂醇、揮發油等有關。

(4) 醒酒安神：橄欖含有大量碳水化合物、維他命、鞣酸、揮發油及微量元素等，能幫助解除酒毒，並可安神定志。

【附方】

(1) 治慢性喉炎，聲音嘶啞，喉嚨乾痛：用橄欖6克，綠茶6克，胖大海3枚，蜂蜜1匙。先將橄欖放入適量水中煎沸片刻，然後沖泡綠茶，膨大海悶蓋片刻，加入蜂蜜調勻，徐徐飲汁。或生橄欖 20 枚（打碎），冰糖 50 克，加適量清水煮熟後分 3 次服完。

(2) 治流行性感冒：鮮橄欖 50 克，生蘿蔔 500 克，洗淨切碎後加適量水煎煮去渣，作茶飲用，每日 1 劑。

(3) 治咽喉腫痛：橄欖果肉 60 克，煎成濃汁，加白礬 30 克，再煎成膏。每次 9 克，每日 3 次，開水沖服。

(4) 治小兒百日咳：生橄欖 20 個，燉冰糖，分 3 次服。

(5) 治癲癇：橄欖 500 克，加水 1000 毫升煮沸，撈起橄欖去核搗爛，再加入原汁煎熬成糊狀，裝瓶備用。每次 15 毫升，白糖調味，開水沖服，早晚各 1 次。

(6) 治維他命 C 缺乏症：用鮮橄欖 30 個，水煎服。每日 1 劑，連服 3 週，對治療維他命 C 缺乏症有輔助療效。

(7) 治痢疾，便血：用橄欖燒灰，每次 9 克，米湯送服。

(8) 治唇裂生瘡：橄欖炒後研末，以豬油或凡士林調敷患處，每日 2 次。

(9) 治凍瘡，手足潰爛：橄欖果核燒灰，以豬油或凡士林調敷患處，每日 2 次。

(10) 治河豚魚中毒：鮮橄欖 50 克洗淨，去核搗爛，加適量水調勻榨汁或水煎服用。每日 2 ～ 3 次。

(11) 治魚骨鯁喉：橄欖果核磨汁，作含咽劑。

(12) 治手足麻木，風溼腰腿酸痛，產後風癱：取鮮橄欖根 40 ～ 60 克，洗淨加水煎湯服，每日 2 次。

(13) 治溼疹：鮮橄欖 1000 克搗爛，加適量水煎，藥液呈青色為度。用消毒棉花吸藥液敷患處，每日 1 ～ 2 次。

(14) 治漆過敏性皮炎：鮮橄欖搗爛絞汁搽患處（化膿潰爛可用渣敷之），每日數次，或鮮欖葉適量，洗淨煎湯搽患處。每日 3 次。

(15) 治咽喉炎，流感：用橄欖 250 克，蘿蔔 500 ～ 1000 克，煎湯代茶頻飲。

(16) 治咽喉腫痛，扁桃體炎，聲嘶痰多：取橄欖 12 枚，明礬 1.5 克。橄欖先以冷開水洗淨，用刀將每個橄欖割 4 ～ 5 條縱紋，將明礬研細納入紋中，每 1 ～ 2 小時吃 2 枚，細嚼慢嚥，有痰吐痰，無痰則將汁咽下。

（17） 治感冒，流行性感冒，咽喉炎，胃熱牙痛，肺熱咳嗽：鹹橄欖 4 枚，乾蘆根 30 克（鮮品 80 ～ 120 克）加水 1500 毫升，煎至 500 毫升左右，去渣飲用。每日 2 次。

（18） 治急性咽炎，急性扁桃體炎，咳嗽痰稠，酒毒煩渴：鮮橄欖（連核）60 克，酸梅 10 克，稍搗爛，加清水 1500 毫升煎至 500 毫升，去渣加白糖適量調味飲用。每日 3 次。

（19） 治風寒感冒：新鮮橄欖（去核）60 克，蔥頭 15 克，生薑、紫蘇葉各 10 克，清水 1200 毫升，煎至 500 毫升，加食鹽少許調味，去渣飲湯。每日 2 次。

（20） 治燥熱咳嗽，咽喉炎：鮮橄欖 10 枚（連核）略搗爛，加冰糖適量，清水 1000 毫升，燉至 500 毫升，去渣頻飲。

【養生食譜】

橄欖蘿蔔飲

【原料】橄欖 30 克，白蘿蔔 150 克。

【製作】將蘿蔔洗淨，切成小塊，與橄欖同煎湯。代茶飲，可常服。

【功效與特點】

清肺利咽，潤燥化痰。適用於肺有熱痰，咳嗽痰黏者。

橄欖茶

【原料】新鮮橄欖 3 枚，綠茶適量。

【製作】將橄欖洗淨，用刀割紋，加水 200 毫升，煎 5 分鐘；在一乾淨茶杯中加入綠茶，以橄欖汁泡 5 分鐘後，慢慢飲用。

【功效與特點】

此茶具有清熱生津的功效，適用於煩熱乾渴、失音、咽喉炎、咽喉腫痛及扁桃體炎患者飲之。

橄欖汁

【原料】新鮮橄欖 20 枚。

【製作】洗淨，搗爛取汁，必要時飲用。

【功效與特點】

此汁具有解毒醒酒之功效，適合於河豚、毒蕈中毒，酒醉不醒諸病症。

橄欖生薑茶

【原料】新鮮橄欖 7 枚，紅糖 15 克，生薑 5 片。

【製作】將新鮮橄欖洗淨並搗碎，加入紅糖、生薑，用水 200 毫升，文火煎 10 分鐘，然後濾出湯汁待溫飲用，每日 2 次。

【功效與特點】

此茶具有止痢消炎的功效，適用於腸炎、痢疾、腹瀉等病症。

橄欖膏

【原料】新鮮橄欖 500 克，明礬粉 60 克。

【製作】將新鮮橄欖洗淨，加水 1000 毫升，煮沸 5 分鐘；撈出橄欖，去核搗爛，再入原湯中熬成糊狀，加入明礬粉，溶化後裝瓶備用。每日早、晚用糖開水沖服橄欖膏 15 毫升。

【功效與特點】此膏具有鎮痛止驚之功效，適用於預防癲癇發作。

【宜忌】橄欖味道酸澀，不可一次大量食用；胃潰瘍患者慎食。

桂圓

【簡介】為無患子科植物龍眼的成熟果實。又名益智、蜜脾、龍眼。果供生食或加工成乾製品。龍眼肉、核、皮及根均可作藥用。

【性味】性平，味甘；入心、肝、脾、腎經。

【功能主治】

益心脾，補氣血，安神志。主治虛勞羸弱，心悸怔忡，失眠健忘，脾虛腹瀉，產後浮腫，精神不振，自汗盜汗等病症。

【食療作用】

(1) 益氣補血，增強記憶：桂圓含豐富的葡萄糖、蔗糖及蛋白質等，含鐵量也較高，可在提高熱能、補充營養的同時，又能促進血紅蛋白再生以補血。實驗研究發現，桂圓肉除對全身有補益作用外，還對腦細胞特別有益，能增強記憶，消除疲勞。

(2) 安神定志：桂圓含有大量的鐵、鉀等元素，能促進血紅蛋白的再生以治療因貧血造成的心悸、心慌、失眠、健忘。桂圓中含菸鹼酸高達 2.5 毫克（每 100 克），可用於治療菸鹼酸缺乏造成的皮炎、腹瀉、痴呆，甚至精神失常等。

(3) 養血安胎：桂圓含鐵及維他命比較多，可減輕宮縮及下垂感，對於加速代謝的孕婦及胎兒的發育有利，具有安胎作用。

(4) 抗菌，抑制癌細胞：動物實驗顯示，桂圓對 JTC-26 腫瘤抑制率達 90% 以上，對癌細胞有一定的抑制作用。臨床讓癌症患者口服桂圓粗製浸膏，症狀改善 90%，延長壽命效果約 80%。此外，桂圓水浸劑（1 ： 2）在試管內對奧杜盎氏小芽孢癬菌有抑制作用。

(5) 降脂護心，延緩衰老：桂圓肉可降血脂，增加冠狀動脈血流量。對與衰老過程有密切關係的黃素蛋白——單胺氧化酶 B（MAO-B）有較強的抑制作用。

【附方】

（1）治體虛貧血：龍眼肉 5 枚，蓮子 15 克，糯米 30 克，熬粥食用。或龍眼肉 9 克，花生米連衣 15 克。水煎服用，早晚各 1 次。

（2）治神經衰弱：龍眼肉 9 克，酸棗仁 9 克，芡實 15 克。燉湯睡前服。也可用桂圓肉 25 ～ 35 克，加白糖適量水煎服。每日 2 次。

（3）治阿米巴痢疾：龍眼肉 20 個，鴉膽子仁 20 粒，將鴉膽子仁用龍眼肉包住，水煎服。每日 1 劑，早晚分服。

（4）治呃逆（膈肌痙攣）：龍眼乾 7 個，放火中煅炭存性，研為細末，分 4 份，每次 1 份，每日 2 次，以煅赭石 15 克，水煎湯送服。

（5）治感冒，流行性感冒：龍眼葉 30 克，洗淨切碎，水煎服。每日 2 ～ 3 次。

（6）治妊娠水腫：龍眼乾 30 克，生薑 5 片，大棗 15 枚，水煎服。每日 1 ～ 2 次。

（7）治婦女白帶，小便渾濁：龍眼樹根 30 克，洗淨切碎，水煎服。每日 2 次。

（8）治崩漏：龍眼肉 15 ～ 30 克，大紅棗 15 克。燉服。或龍眼膏一湯匙，沖開水服用。每日 2 次。

（9）治巨幼細胞貧血：龍眼肉 15 克，桑葚子 30 克，加蜂蜜適量燉服，每日 1 劑，療程不限。

（10）治絲蟲性淋巴管炎：鮮龍眼樹根 30 克，土牛膝 30 ～ 60 克（鮮品），洗淨切碎，水煎服，每日 2 次。

（11）治疝氣：龍眼核（去外皮），炒黑研末，每次 5 ～ 10 克，早晚用高粱酒送服。不會飲酒者，半湯半酒送下；或龍眼乾 14 個，鮮榕樹鬚 30 克，同煎服，連服 3 ～ 4 次。

（12）治淋症，下消，尿濁：龍眼花 30 克，豬瘦肉 30 克。加水燉服，每日 1 次。

（13）治脾虛泄瀉：龍眼乾 15 個，生薑 3 片。水煎湯服，每日 2 次。

(14) 治刀傷出血：龍眼核搗破，除去外層光皮焙焦研極細末，用時將藥末撒在傷口上，以乾淨紗布用手輕壓傷口。血止後，用消毒紗布條或乾淨布包紮。

(15) 治燙，火傷：搗破之龍眼核，除去外層表皮，焙焦研極細末，用藥粉調菜油或花生油，敷創面，每日 1 ～ 2 次。

(16) 治頭瘡：龍眼樹葉適量研粉，調蛋清或菜油，塗患處。每日 1 ～ 2 次。

(17) 治癰疽久不癒合：龍眼殼燒灰研粉，調茶油外敷傷口，每日 1 ～ 2 次。

(18) 治兒童病後體虛，盜汗：桂圓肉 10 克，山藥 15 克，黃芪 90 克，羊肉 90 克。羊肉以沸水稍煮片刻，撈出用冷水浸泡以除腥味。再用砂鍋將水煮開，羊肉和其他藥物同入鍋內煮，調味食用。每日 1 次。

(19) 治慢性病脾肺兩虛：桂圓肉 25 克，山藥 25 克，甲魚 1 隻。先用熱水燙甲魚，使其排尿後切開、洗淨去內臟，連殼同山藥、桂圓肉放入碗內加適量水，隔水燉服。每日 1 次。

(20) 治病後體弱，失眠，心悸，健忘：鮮龍眼肉 500 克，白糖 50 克。先將龍眼去皮、核放入碗中，加白糖，上籠蒸晾反覆 5 次，致使色澤變黑，拌糖少許，裝入瓶中即成。每次食 4 ～ 5 粒，每日 2 次。

(21) 治脾虛血虧，食慾不振，面色萎黃，心悸怔忡，妊娠水腫：桂圓肉 250 克，大棗、蜂蜜各 250 克。將桂圓肉、大棗洗淨，放入鍋中，加適量水，置於大火上煮沸，至七成熟時改用文火，加薑汁和蜂蜜，攪勻煮熟，待冷裝瓶內封口即成。每次桂圓肉、大棗各 8 個，每日 2 次。

(22) 治失眠，健忘，驚悸：龍眼肉 200 克，放在細口瓶中，加 400 毫升 60 度白酒，密封瓶口，每日搖動 1 次，15 天後便可飲用。每日 2 次，每次 10 ～ 20 毫升。

(23) 治近視：桂圓肉 15 克，枸杞子 15 克，山萸肉 15 克，豬（或牛、羊）眼睛 1 對，豬眼洗淨，與上述各藥同放碗中，加適量水隔火燉熟，調味後服。每日 1 次。

【養生食譜】

桂圓雞

【原料】淨桂圓肉250克，肥仔雞1隻。

【製作】將桂圓肉洗淨，雞宰殺後去毛，破腹去雜，剁去雞爪，放入沸水中略燙後撈出，再用清水沖洗乾淨。將砂鍋放火上，加入清水、仔雞、料酒，煮至八成熟時，再加入桂圓肉、白醬油、精鹽，用小火燉約30分鐘即成。

【功效與特點】此雞具有補心脾，益氣血，安心腎，益腎精的功效。適用於氣血虛弱、脾虛泄瀉水腫、腎虛遺精、產後乳少、久病體虛等病症。無病者食之滋養強壯，益智健腦。

桂圓補血膏

【原料】桂圓肉100克，黑芝麻40克，黑桑格50克，玉竹30克，蜂蜜適量。

【製作】將以上四物加水適量浸泡1小時，用文火煎煮，每半小時提取汁1次，共3次；將收到的汁液用小火濃縮，至稠如膏時，加蜂蜜1匙，稍煮沸即停火待冷。每服1～2匙，開水沖化飲服。

【功效與特點】

此膏具有健脾益氣，補血養肝之功效，適宜於貧血患者常服。

龍眼髓豬湯

【原料】龍眼肉50克，帶骨髓豬脊、烏魚各500克。

【製作】先將龍眼去殼取肉洗淨，帶骨髓豬脊剁碎，烏魚去湯洗淨、切塊；上料同入鍋內，加水適量久熬，放鹽調味即可食用。

【功效與特點】

此湯具有補益強壯，增強機體抵抗力之功效，適用於癌症手術後身體虛弱及年老體衰者食之。

桂圓雞蛋湯

【原料】桂圓 100 克，雞蛋 1 顆，紅糖適量。

【製作】桂圓去殼，加溫開水，放適量紅糖，然後將雞蛋打在桂圓上面，置鍋內蒸10～20分鐘，以雞蛋熟為宜。將蒸好的雞蛋、桂圓一起連湯服下，每日1～2 次，連服 7 ～ 10 天。

【功效與特點】

此方具有養血安胎的功效，適用於中期及晚期妊娠婦女食之。

桂圓蓮子粥

【原料】桂圓肉 30 克，蓮子 30 克，糯米 30 ～ 60 克，大棗 10 枚，白糖適量。

【製作】將蓮子去皮、心，大棗去核，與桂圓、糯米同入鍋內，加水適量，煮成粥，加白糖攪勻即可。可作正餐或佐餐食飲。

【功效與特點】益氣養血。適用於氣血虧虛型貧血。

枸杞桂圓鴿蛋

【原料】鴿蛋 5 顆，桂圓肉、枸杞子各 10 克，冰糖 25 克。

【製作】將鴿蛋稍煮去殼，將去殼後的鴿蛋與桂圓肉、枸杞子、冰糖放在碗內，隔火燉熟。每日清晨空腹食。

【功效與特點】

補腎益氣，滋陰養血。適用於體弱消瘦，腰膝軟弱無力之人。

桂圓枸杞豬眼湯

【原料】桂圓肉、枸杞子、山萸肉各 15 克，豬眼 1 對，食鹽、味精各少許。

【製作】豬眼洗淨備用。將桂圓肉、枸杞子、山萸肉一同放入鍋中，加清水適量，煎 20 分鐘後去渣取汁，加豬眼同煮，待豬眼熟時，放入適量食鹽、味精即成。每日 1 次頓服。

【功效與特點】滋肝補腎，養血益氣。適用於氣虛弱所致視力減弱者。

大棗龍眼煲鴨

【原料】龍眼肉 30 克，大棗 10 枚，陳皮 6 克，鴨 1 隻。

【製作】將鴨宰殺後去毛及內臟，洗淨、切塊，與龍眼肉、大棗和陳皮共入鍋，用武火煮沸後，改用文火煲至鴨熟透，調味即可。食肉飲湯，分次食完。

【功效與特點】

健脾補血，補心安神，滋陰清熱。適用於心血不足引起的心悸，失眠者。

桂圓鵪鶉蛋

【原料】鵪鶉蛋 3 顆，桂圓肉 20 克，紅糖適量。

【製作】桂圓洗淨後放入湯碗內，磕入鵪鶉蛋，放入紅糖，加適量清水，隔水蒸熟即可。每日 1 次，飲湯食料。

【功效與特點】適用於心血虛引起的失眠多夢，記憶力減退者。

桂圓童子雞

【原料】童子雞 1 隻，桂圓肉 30 克，料酒、蔥、薑、鹽適量。

【製作】童子雞去毛，挖去內臟洗淨，放沸水鍋中汆片刻，以去血水，然後把雞放入蒸缽或鍋內，再放入桂圓、料酒、蔥、薑、鹽和清水，上籠蒸 1 小時左右即可。酌量分次食用，連服數次。

【功效與特點】補氣血，安心神。適用於心血不足引起的心悸，失眠。

桂圓百合

【原料】桂圓肉 100 克，百合 50 克，白糖適量。

【製作】百合去老皮及筋皮，在清水中泡 20 分鐘，再放入沸水中汆一下，即刻撈入涼水中，待冷卻後瀝乾水。將百合與桂圓肉放入碗內，加白糖及少量清水，隔水蒸 20 分鐘即可。每日早、晚作點心食用。

【功效與特點】

養血補腦，寧心安神。適於心神不寧，頭昏失眠，多夢，記憶力減退者。

龍眼山藥餅

【原料】淮山藥 500 克，白砂糖 200 克，熟麵粉 100 克，熟蓮子、蜜餞青梅、桂圓肉、花蛋糕、白瓜子仁各 25 克，豬油、蜂糖、澱粉、蜜餞櫻桃各少許。

【製作】淮山藥打成粉後，與熟麵粉加水揉成團；青梅切成片；花蛋糕切成菱形片。將淮山藥團揉成圓形，放入平盤內，按成圓餅，蓮子、青梅、櫻桃、桂圓肉、花蛋糕、白瓜子仁依次擺在圓餅上，上籠蒸約 15 分鐘後取出。勺內放清水加蜂糖，用旺火煮沸，撇去浮沫，再倒入澱粉勾成芡汁，最後加豬油澆在餅上即成。隨量食用。

【功效與特點】

補脾益肺。適用於肺脾氣虛，短氣乏力，面色萎黃，咳痰稀薄，大便溏稀者。

龍眼山藥糕

【原料】龍眼肉、熟蓮子、青梅、老蛋糕、瓜子仁、京糕各 25 克，山藥 50 克，白糖 200 克，熟麵粉 100 克，豬油、蜂糖、櫻桃各少許。

【製作】山藥打粉，用熟麵粉加水揉成團，青梅切成柳葉片，老蛋糕切成菱形片，櫻桃、瓜子仁洗淨，京糕切成 3 公分長的絲備用。將山藥團揉成圓形，放入平盤內，按成圓餅。再將蓮子擺在周圍，櫻桃擺在圓餅的第二圈，龍眼肉擺在第三圈，老蛋糕擺在第四圈，瓜子仁擺在第五圈，青梅片在正中擺成花葉形。將餘下的老蛋糕切成小丁備用。用一張火棉紙蓋在山藥圓餅面上，上籠蒸約一刻鐘取出，揭下棉紙，把京糕絲擺在圓餅中間呈菊花形，撒上老蛋糕丁作花。勺內放清水和蜂糖、白糖，用武火熬化，撇去浮沫，再倒入澱粉勾芡，最後加豬油澆在山藥圓餅上面即成。可供早、晚餐酌量食。

【功效與特點】補脾健胃。適用脾虛消瘦、面黃者。

冰糖桂圓

【原料】桂圓 250 克，冰糖 100 克。

【製作】

(1) 將桂圓去皮去核，沖洗乾淨。

(2) 鍋架火上，加入適量清水、冰糖，用旺火煮沸後，撇去浮沫，加入桂圓肉，用小火燉 20 分鐘即成。

【功效與特點】

色白如玉，甘甜細嫩。本甜品可補血益心，更是助腸胃，增智慧之良藥。

【宜忌】桂圓甘甜滋膩，內有痰火及溼滯停飲者慎用。

哈密瓜

【簡介】哈密瓜又稱甜瓜、甘瓜，只有中國新疆和甘肅敦煌一帶才出產。新疆大部分地區均產哈密瓜，優質的哈密瓜則主要產於哈密、南疆枷師縣和吐魯番盆地；哈密瓜有 180 多個品種及類型，大的像炮彈，重十幾公斤，小的像椰子，重不足 1 公斤。形狀多為橢圓、扁圓，皮有黃、綠、褐、白等，皮上有各種斑紋、斑點，肉色為乳白、橘黃、橘紅、碧綠；肉質或脆或軟，風味獨特，富有營養。

【性味】性寒，味甘。

【食療作用】

哈密瓜果肉有利小便、止渴、除煩熱、防暑氣等作用，可治發燒、中暑、口渴、尿路感染、口鼻生瘡等症狀。如果常感到身心疲倦、心神焦躁不安或是口臭，食用哈密瓜都能有所改善。

哈密瓜等甜瓜類的蒂含苦毒素，具有催吐的作用，能刺激胃壁的黏膜引起嘔吐，適量的內服可急救食物中毒，而不會被胃腸吸收，是一種很好的催吐劑。

【養生食譜】

哈密瓜蝦仁

【原料】哈密瓜 240 克，蝦仁 240 克，蔥頭蓉 1 茶匙。鹽 1 茶匙，蛋清 1 茶匙，胡椒粉少許，生粉 1 茶匙，水 2 湯匙。

【製作】

(1) 哈密瓜去皮、去籽、切丁。蝦仁洗淨，放進冰箱一會，用醃料醃約 1 小時泡油。

(2) 熱鍋下油，爆香蔥頭蓉，倒下哈密瓜及調味料，炒勻。加入蝦仁，快手炒，即可上碟。

【功效與特點】

哈密瓜果肉多為橙黃色，它含蛋白質、維他命和纖維素等，能治便祕。

山竹哈密瓜飲

【原料】山竹 2 個，哈密瓜 300 克，大豆卵磷脂 1 匙（約 10 克）。

【製作】山竹去皮、去籽，哈密瓜去皮、去籽切小塊。兩種材料放入果汁機中，加冷開水 200 毫升，拌勻即可。

【功效與特點】益智醒腦，改善健忘。

哈密瓜凍

【原料】哈密瓜 1 個，梨 1 個，蘋果 1 個，白糖 200 克，瓊脂 10 克。

【製作】

(1) 將哈密瓜切成粒，皮留用，瓊脂用開水泡軟，再煮化。

(2) 將蘋果、梨洗淨後去皮、核，切小塊，加入糖、哈密瓜粒，與瓊脂攪勻，再放入哈密瓜皮，置冰箱冷凍至凝結，取出，倒扣盤中即可。

【功效與特點】

口味多樣，香甜清涼。本甜品是夏令消暑佳品，具有止口渴，利小便，除煩熱，防暑氣等功效。哈密瓜含有的維他命量多，品種齊，適宜於腎病患者食用。

海棠

【簡介】為薔薇科植物西府海棠的果實。又名海棠果、楸子、海紅。其色澤鮮紅，果味酸甜，可嚼吃，泡水也可，有助消化。

【性味】性平，味甘，微酸；入脾、胃二經。

【功效主治】

生津止渴，健脾止瀉。主治消化不良，食積腹脹，腸炎泄瀉以及痔瘡等病症。

【食療作用】

(1) 生津止渴：海棠含有糖類、多種維他命及有機酸，可幫助補充人體的細胞內液，從而具有生津止渴的效果。

(2) 健脾開胃：海棠果中維他命、有機酸含量較為豐富，能幫助胃腸對飲食物進行消化，故可用於治療消化不良、食積腹脹之症。

(3) 澀腸止痢：海棠味甘微酸，甘能緩中，酸能收澀，具有收斂止泄，和中止痢之功用，能夠治療泄瀉下痢，大便溏薄等病症。

(4) 補充營養：海棠中蘊含有大量人體必需的營養物質，如糖類、多種維他命、有機酸等，可供給人體養分，提高機體免疫力。

【附方】

治黃疸：翠雲草 30 克，秋海棠根 3 克。水煎服。

【養生食譜】

糖醃海棠

【原料】海棠果 1 個，白砂糖 50 克。

【製作】先將鮮海棠果洗淨，去皮核，切成果條盛於盤中，撒上白砂糖，醃製 30 分鐘後，慢慢嚼服，每日 2 次。

【功效與特點】

此食具有健脾和中的功效，適用於病後體弱或孕婦口淡乏味，不思飲食者食服。

海棠芥菜湯

【原料】新鮮海棠果、鮮芥菜各 30 克，生薑 3 片，蔥白 2 根。

【製作】先將海棠洗淨，去皮核，切成薄片備用；芥菜洗淨，與海棠片同放鍋中，加清水、生薑、蔥白，旺火煮沸，加入調味料起鍋，趁熱一次服食完，每日 2 次，連服 5 天。

【功效與特點】

此湯具有健胃消食，化積止泄之功效，可用於傷食型泄瀉。

海棠山楂煎

【原料】新鮮海棠果 30 克，鮮山楂 40 克，生薑 10 克。

【製作】海棠洗淨，去皮核，山楂洗淨，以上三味共同放入瓦罐中，加清水 200 毫升，先用大火煮沸再改用小火慢燉 15 分鐘，待溫飲用。

【功效與特點】

本湯清香宜人，酸中有甜，具有消積止瀉的功效，常用於小兒腹瀉之症。

【宜忌】海棠味酸，胃潰瘍及胃酸過多者忌食。

椰棗

【簡介】椰棗屬棕櫚科植物，常綠大喬木。又名海棗、波斯棗、伊拉克蜜棗。羽狀複葉叢生莖端。漿果長橢圓形，形似棗子，味甘美，可鮮食或做蜜餞。產於非洲北部和亞洲西南部，為伊拉克的重要果樹之一，木材可供建築；葉可編籃；由莖浸出的液汁，可製砂糖或釀酒。椰棗含蛋白質、脂肪、多醣、葡萄糖、果糖、蔗糖、胺基酸，類胡蘿蔔素，以及少量維他命 B1、維他命 B2、維他命 C 等。椰棗果肉甜美，劉恂《嶺表錄》中云：肉軟爛，味極甜，如北地蒸棗。

【性味】性溫，味甘。

【功效主治】

補益氣，潤肺止咳，化痰平喘。主治咳嗽無痰，或咳痰不爽，咽喉乾痛，脾胃氣虛，氣血不足。

【附方】

(1) 氣管炎咳嗽，咽喉乾痛，咳痰不鬆：椰棗 5 ～ 7 個，桔梗 6 克，煎湯，一日 2 次分服。

(2) 肺結核，乾咳無痰：椰棗 5 ～ 6 個，生甘草 6 克，水煎，去渣，一日 2 次分服。

【養生食譜】

紅蘿蔔蜜棗汁

【原料】紅蘿蔔 1 條或適量，蜜棗 2 粒。

【製作】紅蘿蔔去皮，洗淨切片；蜜棗洗淨。把適量的水煲滾，放入蜜棗、紅蘿蔔，煲滾後慢火再煲 1 小時便出味，去渣。把紅蘿蔔水裝入暖水壺內保溫備用，用以沖奶粉或米糊。紅蘿蔔本身有少許甜味，加糖或不加隨意。

【功效與特點】

紅蘿蔔含有豐富的胡蘿蔔素，能寬中行氣、健胃助消化及防治因缺乏維他命A所引起的疾病。嬰兒或幼兒消化不良，或熱氣（上火），可餵以用紅蘿蔔煲水沖的奶或米糊，有一定的食療功效。

蜜棗水蟹湯

【原料】水蟹3隻（約250克），生地黃150克，蜜棗2個。

【製作】把生地黃洗淨，水蟹剖後洗淨。把全部用料放入鍋內，加清水適量，武火煮沸後，文火煲2小時，調味供用。佐餐食用。

【功效與特點】養陰和盤，退熱散結。適用於陰血虧虛之人。

蜜棗核桃仁

【原料】蜜棗250克，核桃仁、糯米100克，蛋清、白糖各適量。

【製作】蜜棗蒸熟後去核，核桃仁放油鍋內過油1分鐘撈出；每粒蜜棗內包1小塊過油的核桃仁；用蛋清調拌糯米粉，將捲好的蜜棗放入糯米漿內蘸勻。油鍋燒至五成熱，將蜜棗逐一下鍋油炸至金黃色撈出，全部炸好後再回鍋略炸，裝盤後撒上白糖即可。佐餐或做點心食用。

【功效與特點】

益腎填精，補腦健脾。適用於神經衰弱，頭昏失眠，注意力不集中，記憶力減退者。

【宜忌】患有糖尿病之人忌食。

黑棗

【簡介】黑棗屬柿樹科，喬木，高 5 ～ 10 米；樹皮暗褐色，深裂成方塊狀；幼枝有灰色柔毛。葉橢圓形至長圓形，長 6 ～ 12 公分，寬 3 ～ 6 公分，表面密生茸毛後脫落，背面灰色或蒼白色，脈上有茸毛。花淡黃色或淡紅色，單生或簇生葉腋；花萼密生柔毛，四深裂，裂片卵形。果實近球形，直徑 1 ～ 1.5 公分，熟時藍黑色，有白蠟層，近無柄。花期 5 月份，果熟期 10 ～ 11 月。產各地山區，野生於山坡、谷地或栽培。材質優良，可做一般用材；果實去澀生食或釀酒、製醋，含維他命C，可提取供醫用;種子入藥，能消渴去熱。

【性味】性平，味甘。

【功效主治】安中養肝，補虛潤肺，益味通氣。

【食療作用】

黑棗含有豐富的維他命，有極強的增強體內免疫力的作用，並對賁門癌、肺癌、吐血有明顯的療效。

【附方】

治腹瀉不止：柿餅去蒂，山楂及黑棗去核各等份，切塊搗爛如泥，加水煮開後加糖，酸甜可口，隨時食用。

【養生食譜】

黑棗醋

【原料】黑棗 1000 克、陳年醋 2000 毫升

【製作】

(1) 黑棗不用清洗，只要揀去雜質即可。

(2) 黑棗加陳年醋放進玻璃罐中，密封。

(3) 存入 4 個月後即可飲用。也可以將黑棗醋與新鮮的葡萄汁調和，加入適量的開水稀釋飲用。

【功效與特點】

這道飲品甘甜好喝，滋潤心肺，生津止渴，抗老化，可帶動氣血循環，減少心血管的淤塞，建議睡前飲用最適合，經常飲用，補血又瘦身。

黑棗牛奶凍

【原料】鮮奶400克，黑棗數粒，水適量，肉桂粉少許，砂糖55克，玉米澱粉55克，香草精、鹽少許。

【製作】

(1) 黑棗、糖、水混合後入蒸鍋，蒸熟晾涼；

(2) 鮮奶 400 克加熱至 50 ～ 60 攝氏度，把材料拌勻，沖入牛奶，一邊快速攪拌，然後繼續加熱，一直攪拌到開。關火，倒入模型晾涼，然後放入冰箱；

(3) 將蒸好的黑棗擺在牛奶凍上，撒上肉桂粉即成。

黑棗燉牛肉

【原料】牛肉 500 克，女貞子 60 克，黑棗 4 枚，生薑 3 片，食鹽、味精、胡椒粉各少許。

【製作】女貞子，黑棗（去核）洗淨，牛肉洗淨，用開水焯過。把全部原料加入鍋內，加清水適量，武火煮沸後，文火燉 3 小時，加入食鹽、胡椒粉、味精調味即可。

【功效與特點】補肝腎，益陰血，黑鬚髮。

【宜忌】黑棗含糖量高，腹脹及內熱患者不適宜服用。

【小貼士】

黑棗乾果：好的皮色應烏亮有光，黑裡泛出紅色；皮色烏黑者為次；色黑帶萎者更次；如果整顆粒皮表呈褐紅色則是次品。好的黑棗顆大均勻、短壯圓整、頂圓蒂方、皮面皺紋細淺。在挑選黑棗時，也應注意蟲蛀、破頭、爛棗等。

黃皮果

【簡介】芸香科植物黃皮的果實。又名黃皮子、黃檀子、黃彈子、金彈子等。果色澤金黃、光潔耀目，根據性味，可分甜、酸兩個系統，有些品種甜酸適口、汁液豐富而具香味，是色、香、味俱佳的水果，可與荔枝並稱。葉、根皮及果核均供藥用。民間諺語云：「飢食荔枝，飽食黃皮。」說明黃皮可幫助消化。黃皮果原產於泰國、菲律賓、馬來西亞、印尼等熱帶地區，它喜歡高溫多溼的氣候。黃皮果的果實是典型的漿果，果肉半透明，多汁多漿，含有高量的維他命，看起來像龍眼，吃起來卻有點柚子的味道，甜中帶酸的滋味，是非常討喜的水果。

【性味】性溫，味辛甘酸；入肺、胃、大腸經。

【功效主治】

消食，化痰，理氣。主治食積不化，胸膈滿痛，疝氣脹痛，痰飲咳喘等病症。

【食療作用】

(1) 補充營養：黃皮果中含有大量人體必需的營養成分，可有效補充人體的不足，增強機體的免疫力。

(2) 健脾化食：黃皮果中含有大量的酸性物質，如抗壞血酸、多種胺基酸等，能提高人體胃液的酸度，刺激胃液等以及酚類，能調暢人體氣積，減輕因氣滯而導致的脹滿疼痛。

(3) 化痰平喘：黃皮果中含有黃皮新肉桂醯胺 A、B、C、D 以及酚類、多種胺基酸、黃酮苷等，既可調暢氣積，又可斂肺氣，同時，還可減輕平滑肌的痙攣，收到化痰平喘之效。

【附方】

(1) 治食積不化：黃皮果 30 克，生食。或黃皮果 30 克，生麥芽 30 克，山楂 20 克。水煎服，每日 1 ～ 2 次。

(2) 治胸膈滿痛，痰飲咳喘：黃皮果 30 克，生食。或黃皮果 30 克，蘇子 10 克，萊菔子 10 克，法夏 9 克，陳皮 6 克，茯苓 20 克，甘草 6 克。水煎服，每日 1 ～ 2 劑。

(3) 治瘧疾及流行性感冒：用黃皮葉 500 克，加 2000 毫升水煮 4 小時，約剩水 1000 毫升，將水傾出，再加水 2000 毫升，將渣再煮 2 小時約剩 1000 毫升，傾出並和前次煎出液合併，再濃縮至 1000 毫升，趁熱加入安息香酸粉 5 克攪勻，使粉溶解作為防腐劑即得，每毫升黃皮葉水相當於生藥 0.3 克。成人每次 10 ～ 30 毫升，每日 3 次，小兒酌減。

(4) 治睾丸炎：黃皮根 30 克，燈籠草 60 克。水煎服，每日 1 次，連服 2 日。

【養生食譜】

鹽醃黃皮果

【原料】鮮黃皮果 50 克，精鹽 10 克。

【製作】先將黃皮果洗淨，以刀切開，放入盤中，加精鹽醃製 30 分鐘後取出，放入瓦罐中，加清水 200 毫升，以小火慢燉 40 分鐘，待溫服用。

【功效與特點】

本品具有消食理氣，化痰平喘之功效。可用於治療食積脹滿、痰咳、哮喘等病症。

黃皮橘核煎

【原料】黃皮果乾品 10 克，鮮橘核 15 克。

【製作】黃皮果洗淨，與橘核共同放入瓦罐中，加清水 300 毫升，先以大火煮沸，後改小火續煎 20 分鐘，濾出果汁，溫服。

【功效與特點】

本汁具有行氣止痛的功效，可用於疝氣疼痛的輔助治療。

生晒黃皮乾

【原料】新鮮黃皮果若干。

【製作】洗淨，置太陽下晒乾並儲存起來，每日取 10 枚慢慢嚼食。

【功效與特點】

本食具有行氣解鬱，和胃止痛的功效。可用以治療肝胃氣痛，胃脘痞滿等病症。

【宜忌】不可多食，否則易動火、生瘡癤。

火龍果

【簡介】火龍果為仙人掌科量天尺屬和蛇鞭柱屬植物，又稱仙蜜果、玉龍果、紅龍果。原產於中美洲熱帶地區。火龍果果實汁多味清甜，除鮮食外、還可釀酒、製罐頭、果醬等。花可乾製成菜、顏色可提煉食用色素。火龍果營養豐富、功能獨特，它含有一般植物少有的植物性白蛋白及花青素，豐富的維他命和水溶性膳食纖維。火龍果集水果、花卉、蔬菜、保健、醫藥作用於一身，具有較高的營養價值、藥用功效。

【性味】性平，味甘。

【功效主治】

(1) 排毒解毒、保護胃壁；
(2) 抗衰老、預防腦細胞變性，抑制痴呆症發生；
(3) 美白皮膚、養顏；
(4) 減肥、降血糖、潤腸滑腸，預防大腸癌發生等。

【食療作用】

(1) 火龍果作為一種低熱量、高纖維的水果，其食療作用就不言而喻了，經常食用火龍果，能降血壓、降血脂、潤肺、解毒、養顏、明目，對便祕和糖尿病有輔助治療的作用。
(2) 火龍果中含有的礦物質鎂，有穩定情緒、緩和焦慮的作用。
(3) 火龍果富含維他命C及水溶性膳食纖維等營養素，具有降低血漿膽固醇、改善血糖的生成反應、預防便祕和大腸癌、控制體重、降低雌激素的平均值以及解毒等功效。
(4) 火龍果果實中的花青素含量較高，尤其是紅肉的品種。花青素是一種效用明顯的抗氧化劑，能有效防止血管硬化，從而可阻止心臟病發作和凝血塊形成引起的腦中風；它還能對抗自由基，有效抗衰老。

(5) 火龍果中富含一般蔬果中較少有的植物性白蛋白，這種有活性的白蛋白會自動與人體內的重金屬離子結合，透過排泄系統排出體外，從而起解毒作用。此外，它對胃壁還有保護作用。

(6) 火龍果中的含鐵量比一般的水果要高，鐵是製造血紅蛋白及其他鐵質物質不可缺少的元素，攝入適量的鐵質還可以預防貧血。

(7) 鉀元素廣泛參與人體多種代謝，是人體大量需要的元素之一，火龍果正好能滿足人體對鉀的需求。鉀能提高人體肌肉的活動能力，提高神經的興奮度，對心肌的收縮起重要作用。

【養生食譜】

火龍果蝦仁沙拉

【原料】火龍果一個，熟對蝦仁若干，西芹少許，蛋黃沙拉醬。

【製作】火龍果切成兩半，將果肉用小挖勺挖成圓球狀，殼備用，西芹切小丁在沸水中汆熟。將火龍果、蝦仁、西芹丁用沙拉醬拌勻，可加入少許牛奶，然後用鹽、雞精調味。將拌好的東西裝入挖空的火龍果殼中即成。

【功效與特點】降血壓，解毒，清肺。

火龍果葡萄泥

【原料】火龍果 1/2 個，葡萄 5 顆。

【製作】火龍果洗淨、去皮後，用磨泥機磨成果泥。葡萄洗淨，去皮、子後，用湯匙壓碎成泥狀，將兩種果泥混合拌勻即完成。

【功效與特點】潤肺養胃，預防貧血。

金橘

【簡介】為芸香科植物金橘或金彈的成熟果實。又名盧橘、山橘、給客橙、金蛋、羅浮。原產中國，樹姿粗矮，枝葉茂盛，四季常青，花色乳白，香氣濃郁，掛果滿冠，是春節期間主要的觀果佳品。果橢圓形，金黃色，有光澤，外甜內酸。常見種類有金彈，果色淡黃，果肉較甜。

【性味】性溫，味辛甘酸；入肝、肺、脾、胃經。

【功效主治】

理氣，解鬱，化痰，醒酒。主治氣鬱不舒，胸腺病，食滯納呆，傷酒口渴，咳嗽咳痰等病症。

【食療作用】

(1) 防治心血管疾病：金橘果實含金苷及豐富的維他命 C（其中 80% 在於皮中，故食之切勿去皮）、維他命 P，對防止血管破裂、減少毛細血管脆性和通透性、減緩血管硬化有良好的作用。高血壓、血管硬化及冠心病患者食之非常有益。

(2) 對血壓的雙向調節：金橘果皮中的松柏苷、丁香苷，讓 SHR-SP 大鼠靜注 1 毫升／ 100 克，能升高大鼠血壓；而去氧工松柏醇 4-B- 葡萄糖苷、柑屬苷 B、C、D 和 6,8- 二 -C- 葡萄糖基芹菜素則降低血壓，其中 6,8- 二 -C- 葡萄糖基芹菜素的降壓作用特別顯著。

(3) 行氣，化痰，醒酒：金橘氣香而悅脾，味辛而行散，味甘酸能生津，具有行氣解鬱，消食化痰，生津、利咽、醒酒的作用。為脘腹脹滿，咳嗽痰多，煩渴，咽喉腫痛者的食療良品。

(4) 化痰散結，理氣止痛金橘核味辛而入肝、肺二經，具有行氣散結、化痰、止痛的作用。可治療咽喉腫痛、疾病、疝氣、睾丸腫痛、乳房結塊等病症。常食金橘，還可增強機體的抗寒能力，防治感冒。

【附方】

(1) 治咳嗽咳痰，百日咳：可單用金橘嚼食。肺寒咳嗽，可用本品，掰破，同生薑以沸水浸泡服。肺熱咳嗽，亦可用本品同蘿蔔絞汁服。每日2～3次。

(2) 治食積氣滯，胸腹痞悶，飲食減少：金橘鮮食或蜜漬食。亦可與山楂、麥芽，水煎服。每日2～3次。

(3) 治肝鬱脾虛，胸脘腹痞悶，飲食減少：可單用本品蜜漬食，或同佛手、代代花以沸水浸泡，加白糖調味服。每日2～3次。

(4) 治傷酒口渴：金橘1～2枚，含口內嚼細服食，或用沸水泡，代茶飲服。每日4次。

(5) 治咳嗽氣喘：金橘3枚，以刀劃開，擠出果核，置於清水中，加適量冰糖，文火煮後取汁，分3次服。

【養生食譜】

金橘湯

【原料】金橘3枚，冰糖適量。

【製作】用刀將金橘果皮刺破，擠出核，放水中加適量冰糖，以文火煮熟，吃金橘飲湯。每日3次。

【功效與特點】此湯具有理氣化痰的功效。適用於咳嗽、氣喘、痰多等病症。

金橘餅

【原料】鮮金橘2500克，白糖2000克，食鹽106克，明礬50克。

【製作】金橘洗淨後，用小刀逐一劃破幾道口，浸於用食鹽、明礬配製的水溶液中過夜，次日撈出瀝乾，用水浸泡片刻，擠出核捏扁，再用清水浸泡2次，每次2小時，使鹽辣味盡去；選一合適容器，放一層金橘撒一層白糖，用糖量約

500 克；放置 5 日後倒入鍋中，再加白糖 500 克，煮沸後改用文火，待金橘吸足糖汁便成，裝入瓷罐備用。

【功效與特點】

此餅具有理氣寬中，消食祛腐等作用。適宜於胸中鬱悶、消化不良及口臭等病症，每次取 5～6 個嚼服有良效。對大便下血者也有輔助治療作用。

金橘蜜酒

【原料】金橘 800 克，蜂蜜 20 毫升，酒 1800 毫升。

【製作】先洗淨金橘，去皮分瓣，與蜂蜜同浸入酒中，2 個月後過濾，取橘壓汁與酒混勻即成。每次飲 20 毫升。

【功效與特點】

此酒具有行氣、和胃、止痛的作用，可治療胃腸功能紊亂。

金橘乾粉

【原料】金橘 49 顆。

【製作】將金橘洗淨晾曬49天，再焙乾研粉備用。每次服6克，開水送服，1日2次，連續服完。

【功效與特點】此粉具有益腎止尿的功效，適用於治療小兒遺尿。

核葉茴香湯

【原料】金橘核 15 克，金橘葉 30 片，小茴香 10 克。

【製作】以上三物共煎水，1 日 2 次飲服。

【功效與特點】此湯具有行氣消腫止痛的作用，可治療疝氣腫痛。

【宜忌】

金橘性溫，內熱亢盛如口舌生瘡、大便乾結等病症者，不宜食用。

金櫻子

【簡介】為薔薇科植物金櫻子的果實。又名刺榆子、刺梨子、山石榴、糖刺果、金罌子、螳螂果、糖罐子、燈籠果。它是一種由花托發育而成的假果，紅熟時於 10～11 月間採摘，呈倒卵形，略似花瓶，長約 3 公分，直徑 1～2 公分，外皮紅黃色或紅棕色，上端宿萼為盤狀，下端漸尖，果皮外面有突起的棕色小點，係毛刺脫落的殘痕，觸之刺手。

【性味】性平，味酸澀；入腎、膀胱、大腸經。

【功效主治】

固精澀腸，縮尿止帶，抗痙止瀉。主治遺精滑泄，遺尿多尿，脾虛瀉痢，胃腸痙攣，肺虛喘咳，自汗盜汗，女子白帶過多、崩漏等病症。

【食療作用】

(1) 固精止帶，澀腸止瀉：金櫻子中含有大量的酸性物質、皂苷等，既能固精室防止男子遺精滑泄、女子帶下過多，又能澀腸道，防止脾虛約束不力所致的瀉痢。

(2) 縮尿止遺：金櫻子中含有大量的酸性物質和皂苷，具有制約膀脫括約肌，延長排尿時間間隔，增加每次排出尿量的作用，可用於治療遺尿及小便頻數之症。

(3) 止咳平喘，抗痙攣：中醫認為，喘咳多由肺氣上逆而致，金櫻子味酸澀，能斂肺氣，可止咳平喘。現代研究發現，金櫻子中含有抗平滑肌痙攣的成分，可防止胃腸及氣管的痙攣。

(4) 降血脂：金櫻子中含有脂肪酸、β- 谷甾醇、鞣質及皂苷等，能降低血脂，減少脂肪在血管內的沉積，可用於治療動脈粥樣硬化症。

(5) 抗菌消炎近年來研究發現，金櫻子提取液可殺死金黃色葡萄球菌及大腸桿菌等，可用來治療因金葡菌或大腸桿菌感染而致的疾病。

(6) 防癌抗癌金櫻子中含刺梨酸、刺梨苷、原兒茶酸和β-谷甾醇等成分，能抗腫瘤，有效阻斷大鼠和人體內N-亞硝基脯胺酸合成和大鼠體內N-乙基-N-亞硝基脲合成的作用，可防癌抗癌。

【附方】

(1) 治腎氣虛之神疲乏力，腰膝酸軟，遺精，遺尿，白帶，崩漏：單用金櫻子熬膏服。若治夢遺，精不固：金櫻子20克，益智仁10克，菟絲子30克。水煎服，每日1劑。若治小便頻數和遺尿：金櫻子15克同豬小肚500克水煎，飲湯吃豬小肚。每日1劑。

(2) 治男子下消、滑精，女子白帶：金櫻子50克，芡實50克。共為細末，每次20克，每日3次服。

(3) 治脾虛下利：金櫻子15克，淮山30克，白術10克，茯苓30克。水煎服，每日2次。

(4) 治久虛泄瀉下痢：金櫻子15克，黨參30克，黃芪30克。水煎服，每日2次。

(5) 治子宮脫垂：金櫻子15克，黨參30克，黃芪30克，白術10克，升麻9克。水煎服，每日2次。

(6) 治久瀉脫肛：金櫻子20克，黨參30克，芡實20克，白術10克，五味子6克。水煎服，每日2次。

【養生食譜】

金櫻子膏

【原料】新鮮金櫻子5000克。

【製作】將金櫻子剖開，去籽毛，洗淨，放在木臼中搗碎備用；取一大鋁鍋，加清水2000毫升，放入已搗碎的金櫻子，先以旺火煮沸，後改用中火熬120分鐘，直至變為膏狀停火，冷卻後裝瓶備用。每日1次，每次服50毫升。

【功效與特點】

本膏具有固精止泄的功效，可用於治療夢遺、早洩等精室不固之病症。

金櫻子豬肚湯

【原料】新鮮金櫻子 100 克，鮮豬肚 1 具，調味料若干。

【製作】先將金櫻子洗淨，去掉外刺和內瓤備用；豬肚洗淨，切成肚片；上兩者放入瓦罐中，加清水、精鹽各適量，薑一塊拍碎，以旺火煮沸後，改用小火慢燉 60 分鐘，調以味精即成。吃肉喝湯。

【功效與特點】

本餚具有縮尿止遺的功效，適宜於小便頻數、多尿、遺尿、小便失禁等病症。

金櫻子丸

【原料】金櫻子 500 克，芡實 200 克，白燒酒 30 毫升，人乳 50 毫升。

【製作】將金櫻子去籽、洗淨搗碎，放入碗中隔水蒸 30 分鐘，令其熟，取出後，趁熱淋沸水 500 毫升，並不斷攪動，待變溫後，濾出果汁，倒入瓦煲中以慢火煉成膏備用；芡實研成粉，倒入膏中，加入白燒酒、人乳共搓如梧桐子大藥丸，裝瓶備用。每天 2 次，每次 2 丸，鹽湯送下。

【功效與特點】

本丸具有健脾化濁，固精止帶之功效，可用於婦人白帶過多之病症。

金櫻根燉雞

【原料】金櫻根 150 克，小母雞 1 隻。

【製作】將母雞開膛，去內臟後洗淨，將金櫻根塞入母雞腹腔內，將整隻雞放入燉鍋內，加米酒少許，加適量的水，隔水燉 3 小時左右，調味後即可食用。佐餐食，每日 1 ～ 2 次。

【功效與特點】

補腎壯陽，強身健體。適用腎陽虛、腰膝發冷、陽痿早洩者。

橘

【簡介】橘為芸香科植物，福橘或朱橘等多種橘類的成熟果實。又名蜜橘、大紅袍、朱砂橘、潮州柑。橘的顏色鮮豔，酸甜可口，是日常生活中最常見的水果之一。與梨相比，其蛋白質含量是梨的 9 倍，鈣的含量是梨的 5 倍，磷的含量是梨的5.5倍，維他命B1的含量是梨的8倍，維他命B2的含量是梨的3倍，菸鹼酸的含量是梨的 1.5 倍，維他命 C 的含量是梨的 10 倍，可謂營養豐富。

【性味】性微溫，味甘酸；入肺、胃經。

【功效主治】

開胃理氣，止渴潤肺，止咳化痰。主治消化不良、脘腹痞滿、噯氣、熱病後津液不足、傷酒煩渴、咳嗽氣喘等病症。

【食療作用】

(1) 開胃理氣，幫助消化：橘中含有的橙皮苷等，對腸道表現為雙向調節作用。既能抑制腸道平滑肌以達到止痛、止嘔、止瀉的目的，又能興奮腸道平滑肌，促進消化，治療脘腹脹滿、食慾不振、噯氣等。此外，還具有保肝、利膽、抗潰瘍的作用。

(2) 祛痰，止咳，平喘：橘中含有的揮發油、檸檬烯，可以促進呼吸道黏膜分泌增加，並能緩解支氣管痙攣，有利於痰液的排出，起到祛痰、止咳、平喘的作用。

(3) 抗炎，抗過敏：橘中的橙皮苷與甲基橙皮苷均有維他命 P 樣作用，能對抗組織胺所致的血管通透性增加，當與維他命 C 和維他命 K4 合用時，抑制效果更為顯著，從而具有抗炎、抗過敏的作用。此外，橘皮還能抑制葡萄球菌的生長。

(4) 降壓，降脂，防治動脈粥樣硬化：橘中含有的橙皮苷對周圍血管具有明顯的擴張作用，收到降壓效果、其中所含的6-二乙胺甲基橙皮苷，能降低冠脈毛細血管脆性，磷醯橙皮苷能降低血清膽固醇，明顯減輕和改善主動脈粥樣硬化病變。橘皮中含有黃酮苷，可擴張冠狀動脈，增加冠脈血流量，還有類似維他命P的增強微血管韌性，防止破裂出血等作用。

(5) 醒酒，止渴：橘味甘酸，含有大量的水分、多種維他命、豐富的糖類物質，能夠生津止渴，除煩醒酒。

【附方】

(1) 感冒咳嗽:橘皮、生薑、蘇葉各9克，水煎加紅糖服。或取橘餅1～2個，生薑3片，水煎服。

(2) 胃寒嘔吐：橘皮、生薑、川椒各6克，水煎服。

(3) 胸悶脅痛，肋間神經痛：橘絡、當歸、紅花各3克，以黃酒與水合煎，一日2次分服。

(4) 婦女乳房起核，乳癌初起：青橘葉、青橘皮、橘核各15克，以黃酒與水合煎，一日2次溫服。

(5) 乳吹，乳汁不通：鮮橘葉、青橘皮、鹿角霜各15克，水煎後沖入黃酒少許熱飲。

(6) 小腸疝氣，睾丸腫痛：橘核炒香研末，小茴香炒後研末，等分混和，每次3～6克，於臨睡前以熱黃酒送下。

(7) 熨傷：爛橘子搽塗患部有效（壞的、爛的橘子不要丟掉，把它放在有色玻璃瓶裡，密封儲藏，越陳越好，爛橘子中含有一種橘黴素，有強力抗菌作用）。

【養生食譜】

橘餅奶耳羹

【原料】橘餅2個，銀耳10～15克，白糖少許。

【製作】先將鮮橘用白糖漬製後，壓成餅狀，烘乾備用；取銀耳用水發開、洗淨；將橘餅、銀耳放置鍋內，加入清水，先用武火燒開後，改用文火燉煮 3 ～ 5 小時，候銀耳爛酥汁稠，加白糖適量即可。

【功效與特點】

此羹具有潤肺止咳，補虛化痰的功效。適用於肺燥乾咳，虛勞咳嗽患者經常食用。

橘子山楂汁

【原料】橘 250 克，山楂 100 克，白糖少許。

【製作】橘去皮，放入榨汁機中榨汁；山楂去核洗淨；先將山楂入鍋內，加水 200 毫升熬爛，過濾取汁，再將橘汁兌入其中，加入少許白糖即可。

【功效與特點】

此果汁酸甜可口，老少皆宜、具有降壓、降脂、擴張冠狀動脈等作用，適於老年人或高血壓、高血脂及冠狀動脈粥樣硬化患者。

橘子羹

【原料】橘子 300 克，山楂糕丁 40 克，糖桂花。

【製作】剝掉橘子皮，去橘絡和核，切丁待用；鍋內加清水燒熱，放入白糖，待糖水沸時，撇去浮沫；將橘丁放入鍋中，撒上糖桂花、山楂糕丁即可出鍋。

【功效與特點】

此羹開胃助食，潤肺止咳，可作為肺燥咳嗽、煩熱胸悶、食少納呆及高血壓、高血脂、動脈硬化、心血管病等患者的保健食品。

橘皮粥

【原料】橘皮（晒乾）5 ～ 10 克，粳米 50 克，水 400 毫升。

【製作】先將橘皮晒乾，研為細末（不研煎取濃汁亦可），與粳米及水同入鍋內，煮為稀粥，待粥稠停火。每日早、晚溫熱服食，5 天為一療程。

【功效與特點】

此粥具有順氣健胃，化痰止咳的功效。可用於治療胸滿腹脹、食慾不振、噁心嘔吐、咳嗽痰多等病症。

橘皮梨子飲

【原料】橘皮 50 克，梨 100 克，冰糖少許。

【製作】將橘皮洗淨、切絲；梨洗淨去核切塊，放碗中，加橘皮絲和少許冰糖，上蒸鍋內，蒸至梨塊熟軟即可。

【功效與特點】

此飲具有祛痰止咳，潤肺的功效。適用於感冒咳嗽、咳痰以及慢性支氣管炎咳嗽、咳痰等病症。秋季肺燥咳嗽者尤宜。

糖溜橘瓣

【原料】鮮橘子 250 克，白糖 150 克，溼澱粉 20 克，山楂糕 15 克，香精 2 克。

【製作】

(1) 將橘子剝去外皮，掰成瓣，撕去筋絡。

(2) 將山楂糕切成小菱形片。鍋架火上，放入清水、糖，煮沸去浮沫，下橘瓣，用溼澱粉勾芡，滴入香精，撒上山楂糕片即成。

【功效與特點】

色澤紅黃，甜酸爽口。本甜品甘酸，性涼，有潤肺、止渴、開胃、醒酒的功效。

【宜忌】

橘子不宜與螃蟹同食，否則令人發軟癱。橘子每次不宜食之過多，因橘的產熱量較高，一次食用過多，會出現口角生瘡、口腔黏膜潰爛、舌尖起泡、咽乾喉痛等上火症狀。飯前或空腹時不宜食用。吃橘子前後 1 小時內不要喝牛奶，因為牛奶中的蛋白質遇到果酸會凝固，影響消化吸收。橘子不宜多吃，吃完應及時刷牙漱口，以免對口腔牙齒有害。腸胃功能欠佳者，吃太多橘子，容易發生胃糞石的困擾。過多食用柑橘類水果會引起「橘子病」，出現皮膚變黃等症狀。

梨

【簡介】梨為薔薇科植物白梨、沙梨或秋子梨等栽培種的果實。又名快果、果宗、玉乳。梨為百果之宗，絞為梨汁，名為天生甘露飲。梨含有蛋白質、脂肪、糖類、粗纖維、灰分、鈣、磷、鐵、胡蘿蔔素、維他命 B1、維他命 B2、維他命 C 等。其糖類包括葡萄糖、果糖和蔗糖。有機酸為蘋果酸、檸檬酸和綠原酸等。新鮮的梨含鉀離子也較多，每 100 克生梨含 130 毫克鉀，而僅含 2 毫克鈉，所以，梨又是補充鉀的好水果，適宜血鉀偏低者食用。

【性味】性涼，味甘微酸；入肺、胃經。

【功效主治】

生津潤燥，清熱化痰。主治熱病傷津口渴、消渴、熱咳、痰熱驚狂、噎膈、便祕等病症。

【食療作用】

(1) 增強心肌活力：梨中含有豐富的維他命，其中維他命 B1 能保護心臟，減輕疲勞；維他命 B2、B3 及葉酸能增強心肌活力，降低血壓，保持身體健康。

(2) 祛痰止咳，利咽：梨中含有醣苷及鞣酸等成分，能祛痰止咳，尤對於肺結核咳嗽，具有較好的輔助食療作用。同時梨對咽喉還具有養護作用。

(3) 保護肝臟：梨含有較多的糖類物質和多種維他命。糖類物質中果糖含量占大部分（即使糖尿病患者也能服食）易被人體吸收，促進食慾，對肝炎患者的肝臟具有保護作用。

(4) 降低血壓：藥理研究證明，梨果具有增加血管彈性、降低血壓的作用。其性涼並能清熱鎮靜，對於肝陽上亢或肝火上炎型高血壓病人，常食梨能使血壓恢復正常，改善頭暈目眩等症狀。

(5) 防癌抗癌：研究認為，食梨能防止動脈粥樣硬化，抑制致癌物質亞硝胺的形成，因而能夠防癌抗癌。《本草求真》也有記載，梨對「血液衰少，漸成噎膈（即食道癌）」有療效。

(6) 促進消化，通利大便：梨果中的果膠含量很高，比蘋果更有助於消化，促進大便排泄。消化不良及便祕者，每餐飯後食用 1 顆梨，則大有裨益。

【附方】

(1) 治百日咳：大梨 1 個，麻黃 1 克。將梨心挖出，裝入麻黃蓋嚴，放入碗中蒸熟，去麻黃食梨飲汁，每日 2 次分食。或梨 1 個，挖去心，裝入川貝末 3 克，蒸熟食之。還可用生梨 150 克，核桃仁（保留紫衣）80 克，冰糖 30 克。搗爛加適量水煮成汁。每服一匙，每日 3 次，連服數日。

(2) 治小兒咳嗽：大梨 1 個，蜂蜜 60 克。將梨挖洞，去梨核裝入蜂蜜，放入碗中隔水煮熟，睡前食用。或大梨 1 個，洗淨連皮切碎，加冰糖燉服。也可將大梨 1 個，挖去心，加入貝母 2 克，放在碗中隔水蒸 1 小時，吃梨飲湯，每日 3 次。

(3) 治麻疹咳嗽：梨子 1 個、瓜蔞皮 1 個（焙焦為末），將梨挖洞，裝入瓜蔞末，用面裹住燒熟。每日 3 次分服。2 週歲以內的幼兒 2 天吃 1 個。連服 3 ～ 5 天。

(4) 治慢性喉炎：大雪梨 1 個，去皮挖心，裝入川貝末 2 ～ 3 克，冰糖 15 克，同煮後食用。連服 5 ～ 7 次。

(5) 治聲啞咳嗽：雪梨 3 個，搗爛，加蜂蜜 50 克，水煎服用，每日 2 次分服。

(6) 治支氣管炎：大雪梨 1 個，貝母末 9 克，冰糖 30 克。梨去皮去核，將貝母和糖納入，放入碗中隔水蒸熟食用，每日早晚各 1 次。或梨 1 個，胡椒 10 粒，水煎服用。也可將梨 1 個（200 克左右）切成小塊，放入適量冰糖燉服，每日 1 劑。本方以治感冒、燥邪咳嗽為宜。如因虛火咳嗽，宜加蜂蜜 60 毫升蒸熟，睡前服用。每日 1 次。

(7) 治小兒風熱：雪梨 3 個，洗淨切片，與稻米 50 克煮粥，食用。每日 2 ～

3 次。

(8) 治火眼腫痛：黃連浸於梨汁中，以梨汁點眼，每日數次。

(9) 治妊娠嘔吐：雪梨 1 個，丁香 15 枚。梨去核放入丁香，密閉蒸熟，去丁香食梨。每日 1 ～ 2 次。

(10) 治糖尿病：雪梨 2 個，青蘿蔔 250 克，綠豆 200 克。共煮熟服用。有一定輔助作用。每日 2 次。

(11) 治漆過敏和皮膚瘙癢症：用鮮梨樹葉 80 ～ 100 克，洗淨水煎，加食鹽少許熏洗患處。每日 2 ～ 3 次。

(12) 治肺結核之咽乾咳嗽、咳血等症：雪梨 2 個，川貝母 10 克，豬肺 250 克左右。先將雪梨削去皮，切成數塊，豬肺切成片狀，用手擠去泡沫，與川貝母一起放入砂鍋內，加少量冰糖和適量清水，文火熬煮 3 小時後服食，此方有除痰、潤肺、補肺之功效。也可用於老人乾咳無痰及一般人的燥熱咳嗽、口乾、痰黃而稠。

(13) 治慢性消化不良：用雪梨 1 個（剖開去核），放入丁香 10 ～ 15 粒，合好，用水溼草紙 4 ～ 5 層包好，文火煨熟，去丁香吃雪梨。每日 1 ～ 2 次。

(14) 治肺結核虛弱：鮮梨洗淨榨汁 100 毫升，加入人乳 100 毫升，放入碗中隔水蒸至沸騰後飲服。每日 2 次。本方也可用治腦中風後遺偏癱等症。

(15) 治慢性支氣管炎：雪梨 1 個，北杏 10 克，白砂糖 30 ～ 40 克，加入清水 2500 毫升，放入碗中隔水煮 1 小時，食梨飲湯。每日 3 次，本方也可治秋冬燥咳、乾咳、口乾咽痛、腸燥便祕等。

(16) 治肺結核：雪梨 6 個，川貝母 12 克，糯米 100 克，冬瓜條 100 克，冰糖 180 克。先將雪梨去皮後，由蒂處切下一塊為蓋。挖去梨核，浸在白礬液中，以防變色。少頃取出用沸水燙一下，再以涼水沖洗，置碗中，將糯米、冬瓜條（切成黃豆般大小）、冰糖屑拌勻裝入梨內，川貝母打碎分成 6 份，分別裝入梨中，蓋好梨把，放在碗中隔水蒸 50 ～ 60 分鐘，等梨熟後即可在鍋內加入清水 300 克。置大火上煮沸後，放入剩餘冰糖，溶化濃縮，待梨出鍋時逐一澆在梨上。每次食梨 1 個，早晚各 1 次。

(17) 治肺熱型咳嗽、痰黃、咽乾、口燥：秋梨洗淨去皮、核，白藕節各等量切碎榨汁，不拘量，頻飲代茶。或鴨梨 1500 克洗淨，去核切碎、榨汁，再以鮮生薑 250 克洗淨，切絲榨汁備用。取梨汁放在鍋中，先以大火，後以文火熬濃縮，至稠黏如膏時，加入一倍的蜂蜜、薑汁，繼續加熱至沸停火，等冷卻裝瓶備用。每次 1 湯匙，以沸水沖化，代茶飲用，每日數次。

(18) 治肺結核低熱，久咳不止：鴨梨 100 克（去核），白蘿蔔 1000 克，生薑 250 克。分別洗淨、切碎、榨汁。先取梨汁、蘿蔔汁放入鍋中，以大火煮沸，後改文火煎熬濃縮如膏狀時，加入薑汁、煉乳、蜂蜜各 250 克攪勻，繼續加熱至沸停火，待冷卻裝瓶備用。每次 1 湯匙，以沸水沖化，或加黃酒少許沖飲，每日 2 次。

(19) 治小兒發熱，咳嗽：鴨梨 3 個洗淨切塊，加適量水煎煮半小時，撈去梨渣，再加淘淨的稻米適量，煮成稀粥，趁熱食用。

(20) 治熱病，消渴症：雪梨或鴨梨 500 克洗淨，去柄、核，切片，放在鍋中加適量水，煎煮至七成熟（水將乾）時，加入蜂蜜 100 克，再以文火煎煮收汁即可。待冷後裝入瓶中備用。

(21) 治久咳，燥咳少痰：大鴨梨或雪梨 1 個洗淨，靠柄部橫切兩半，挖去核，內裝川貝母 10 克，將梨上部拼對好，用牙籤插緊，放入碗中加冰糖 30 克和少量水，隔水蒸 40 分鐘即可，服時吃梨喝湯。

(22) 治食道癌：雪梨汁 50 毫升，人乳 25 毫升，蔗汁、竹瀝、蘆根汁各 25 毫升，童便 30 毫升，混勻頻頻飲服。

(23) 治醉酒：鮮雪梨榨汁，連服 150 ～ 300 克。

【養生食譜】

五汁蜜膏

【原料】去核鴨梨、白蘿蔔各 1000 克，生薑 250 克，煉乳 250 克，蜂蜜 250 毫升。

【製作】將梨、蘿蔔、生薑洗淨切碎，分別以潔淨紗布絞汁，取梨汁和蘿蔔汁放入鍋中，先以大火煎熬成膏狀，再加入薑汁、煉乳、蜂蜜攪勻，繼續加熱至沸，停火冷卻後裝瓶備用。每次 5 湯匙，以沸水沖化（可加黃酒少許）飲服，每日 2 次。

【功效與特點】

此膏具有養陰清熱、潤肺止咳的功效。適用於肺結核、低熱、久咳不止、虛勞等病症。

夾沙梨

【原料】梨 750 克，花生油 750 毫升，雞蛋 3 顆，桂花少許，乾豆沙、麵糊及白糖各適量。

【製作】將梨洗淨，去皮除核，放入大碗，撒上少許白糖，入蒸籠蒸熟取出；把梨和麵粉一起放入盆中，加入少許清水拌勻，再拍成長條扁平狀；雞蛋打破取蛋清，雞蛋清中加入適量澱粉，用筷子攪成糊狀；把白糖、豆沙、桂花、蛋清 1 個同放入碗內，加少許清水合併切成條塊，用蛋糊抹勻麵捲，封好口；將鍋放火上，加入花生油燒熱，投入麵捲，炸至金黃時撈出，放入盤中即成。

【功效與特點】

此梨有滋陰清熱、生津潤燥之功效。適用於陰虛燥熱、口乾煩渴、大便燥結等病症。

雪梨羅漢果湯

【原料】雪梨 1 個，羅漢果半個。

【製作】雪梨洗淨切塊，與羅漢果加水合煮約 20 分鐘，候溫飲湯。

【功效與特點】

此湯具有生津潤燥、清熱化痰的功效。可治療陰虛有熱之慢性咽炎。

雪梨草荠豬瘦肉湯

【原料】雪梨 2 個，草荠 100 克，豬瘦肉 100 克。

【製作】三者洗淨共切片，加水同煮，放少量食鹽調味，吃肉喝湯，1 日內分次服完。

【功效與特點】

該湯具有滋補肝腎之陰的功效，可治療肝腎虧損型慢性肝炎。偏溼熱型慢性肝炎亦可食用。

梨汁粥

【原料】梨 3 ～ 5 個，粳米 50 克，冰糖適量。

【製作】將梨洗淨，連皮切碎，搗取其汁去渣，與粳米、冰糖一起同入砂鍋內，加水 400 毫升，煮為稀粥，稍溫服食。1 天內分 2 ～ 8 次食完。

【功效與特點】

此粥具有生津潤燥、清熱止咳、調養脾胃之功效；適用於小兒疳熱厭食、熱病傷津煩渴、風熱咳嗽等病症。

蜜餞雪梨汁

【原料】雪梨或鴨梨 500 克。

【製作】洗淨，去柄、核，切片，放在鋁鍋內，加水適量，煎煮至七成熟爛，水將耗乾時加水、蜂蜜 100 克，再以小火煎煮熟透，收汁即可。待冷，放瓶罐中儲存備用。

【功效與特點】

此品有潤燥、生津、清熱、止渴功效，隨量食用，或調水飲湯吃梨，可治療熱病消渴症。

雪貝雪梨湯

【原料】雪梨 1 個，川貝母粉 3 克。

【製作】雪梨洗淨，挖空中心，入川貝母粉，隔水燉熟即可。食梨，每日 1 次，連食 3 ～ 5 天。

【功效與特點】

清熱化痰，潤肺止咳。適用肺陰虛有熱、咳嗽痰黏稠者。

銀貝雪梨湯

【原料】金銀花 15 克，川貝母 6 克，雪梨 100 克，白糖適量。

【製作】雪梨洗淨，去皮、核，切成片；川貝母打碎，與金銀花、白糖一起放碗內，置鍋中隔水燉熟即可。每日 1 劑，分 2 次食完，連服 3 ～ 5 日。食雪梨、飲湯，溫熱服食。

【功效與特點】

化痰止咳，清熱生津。適用於痰熱壅肺型慢性氣管炎患者。

雪梨黑豆方

【原料】大雪梨 1 個，黑豆 50 克。

【製作】將梨削去外皮，在靠梨柄處切開留作梨蓋，用小勺挖去梨核。將黑豆洗淨，裝入梨孔內，把梨柄蓋上，用竹籤插牢，放在瓷盅內隔水燉，40 分鐘後將梨取出裝入盤內即成。適量食用。

【功效與特點】清熱化痰平喘。適用於支氣管炎、肺炎熱痰蘊肺者。

雪梨馬蹄糕

【原料】人參、龍眼肉各 30 克，雪梨 1 個，馬蹄 5 個，甘蔗汁 100 毫升，鮮奶 200 毫升，薑汁少許，蜜糖適量。

【製作】將人參洗淨，隔水燉取參汁；雪梨去皮，洗淨，取肉；龍眼肉、馬蹄去皮洗淨。把參渣、雪梨肉、龍眼肉、馬蹄放攪拌機內，攪拌成泥狀，去渣取汁。把全汁液（包括薑汁、參汁、甘蔗汁、鮮奶）倒進瓦盅內拌勻，隔水燉，濃縮成糊狀，加蜜精少許調勻即可。隨量食用。

【功效與特點】

滋陰潤燥，補氣養胃。適用於晚期食道癌、胃癌體虛和其他癌症手術後，化療、放療期間及治療後胃陰不足、胃呆食少者。

紅酒燴梨

【原料】雪梨 4 個，檸檬汁 20 克，紅酒 500 克，白糖 50 克，玉桂 1 條，丁香 2 粒，橙 1 個。

【製作】

(1) 將梨去皮留梗，一切為二，去籽，放入碗內，加 10 克檸檬汁及清水，橙取皮。

(2) 將檸檬汁與紅酒混合，加入糖、玉桂、丁香和橙皮，小火煮 5 分鐘，放入梨再以小火煮 15 分鐘熄火；將梨浸 20 分鐘取出即成。

【功效與特點】

色澤紅潤，酒香脆甜。本菜為西菜的甜品，營養價值很高，水腫者食之有益。具有降血壓、保肝的作用，因而高血壓、糖尿病、心臟病、肝病患者食之有輔助化療的作用。

【宜忌】

生梨性冷利，脾胃虛寒、嘔吐便溏者不宜食；產婦、金瘡、小兒痘後亦勿食。

李子

【簡介】為薔薇科植物李的成熟果實。又名李實、嘉慶子、嘉應子。李子飽滿圓潤，玲瓏剔透，形態美豔，口味甘甜，是人們喜愛的傳統果品之一。它既可鮮食，也可製成罐頭、果脯，是夏季的主要水果之一。

【性味】性平，味甘酸；入肝、腎經。

【功效主治】

清熱生津，瀉肝利水。主治陰虛內熱、骨蒸癆熱、消渴引飲、肝膽溼熱、腹水、小便不利等病症。

【食療作用】

(1) 促進消化：李子能促進胃酸和胃消化酶的分泌，有增加腸胃蠕動的作用，因而食李能促進消化，增加食慾，為胃酸缺乏、食後飽脹、大便祕結者的食療良品。

(2) 清肝利水：新鮮李肉中含有多種胺基酸，如谷醯胺、絲胺酸、甘胺酸、脯胺酸等，生食之對於治療肝硬化腹水大有裨益。

(3) 降壓，導瀉，鎮咳：李子核仁中含扁桃苷和大量的脂肪酸，藥理證實，它有顯著的利水降壓作用，並可加快腸道蠕動，促進乾燥的大便排出，同時也具有止咳祛痰的作用。

(4) 美容養顏：《本草綱目》記載，李花和於面脂中，有很好的美容作用，可以「去粉滓黑黯」，「令人面澤」，對汗斑、臉生黑斑等有良效。

【附方】

(1) 治小兒高熱，驚癇：用鮮李葉適量洗淨，水煎湯洗浴或搗汁塗抹，每日 2 次。

(2) 治透發麻疹：用李樹膠 15 克，加適量水煎湯，分 2 次服用。

(3) 治骨蒸勞熱，消渴引飲：用鮮李（去核）適量，洗淨搗爛冷服，每次 25 毫升，每日 2 ～ 3 次。

(4) 治肝硬化腹水：李子洗淨鮮吃，食量視患者消化能力而定，但不宜一次食用過多。

(5) 治牙痛，痢疾，婦女白帶：用乾李根 10 ～ 15 克，切碎洗淨，煎湯內服。牙痛則以乾李根水含漱或磨汁塗抹。

(6) 治胃陰不足，口渴咽乾：李子生食，或做果脯含咽。

(7) 治肺經燥熱，咳嗽上氣：李子生食，或加蜂蜜煎膏服，每日 2 次。

【養生食譜】

李子米仁湯

【原料】李子 6 個，米仁 30 克。

【製作】上二物共煮食，一日分 2 次服完。

【功效與特點】

此湯具有養肝瀉肝，破瘀利水的功效。適用於肝硬化腹水。

鮮李肉汁

【原料】鮮李子適量。

【製作】將李子洗淨後去核搗爛，絞取其汁。每次服 25 毫升，每日 3 次。

【功效與特點】

此汁具有清熱生津的功效。適用於糖尿病及陰虛內熱，咽乾唇燥之病症。

李子蜜酒

【原料】李子乾 400 克，蜂蜜 100 毫升，酒 1800 毫升。

【製作】將李子乾及蜂蜜共加入酒中，浸泡 2 ～ 3 個月，然後過濾備用，每次服 10 毫升，一日 2 次。

【功效與特點】此酒具有潤腸通便的功效，治腸燥便祕有良效。

李蜜飲

【原料】李子 5 個，蜂蜜 25 毫升，牛奶 100 毫升。

【製作】李子洗淨切半，去核，再加蜂蜜、牛奶同入鍋，煮沸後飲用。

【功效與特點】

此飲具有清肝益胃，生津潤燥的功效。適用於虛勞損傷、消渴、虛勞久咳、便祕等病症。

蛋清李核仁粉

【原料】李核仁 2 個，雞蛋 1 個。

【製作】將李核仁去皮研細，再加入雞蛋清調勻。每日睡前敷於臉上，次晨用清水洗去，連續用 1 週即可奏效（用此期間忌見風）。

【功效與特點】

此粉具有益顏增容，祛除黑斑的作用。可治療婦女面生黑斑。

【宜忌】

李子易助溼生痰，不宜多食，尤其脾胃虛弱者應少食，過多可引起虛熱腦脹。未成熟而苦澀的李子不可食。古有「桃飽人，杏傷人，李子樹下躺死人」的告誡。根據前人經驗，李子忌與獐肉、雀肉、蜂蜜、鴨蛋一同食用。

荔枝

【簡介】為無患子科植物荔枝的果實。又名離支、荔支、丹荔、火山荔、妃子笑。荔枝果肉含蔗糖、葡萄糖、蛋白質、脂肪、維他命 C、維他命 A、維他命 B、葉酸及檸檬酸等。

【性味】性溫，味甘酸；入脾、胃、肝經。

【功效主治】

補脾益肝，生津止渴，益心養血，理氣止痛，降逆止呃；脾虛久瀉，煩渴，呃逆，胃寒疼痛，癌病，疔腫，牙痛，崩漏貧血，外傷出血等病症。

【食療作用】

(1) 補充能量，益智補腦：荔枝果肉中含葡萄糖 66%、蔗糖 5%，總糖量在 70% 以上，列居多種水果的首位，具有補充能量，增加營養的作用。研究證明，荔枝對大腦組織有補養作用，能明顯改善失眠、健忘、神疲等症。

(2) 增強免疫功能：荔枝肉含豐富的維他命 C 和蛋白質，有助於增強機體的免疫功能，提高免疫力。自古以來，一直被視為珍貴的補品。

(3) 降低血糖：荔枝中含有 La- 次甲基環丙基甘胺酸，這是一種具有降血糖作用的物質，對糖尿病患者十分適宜。

(4) 消腫解毒，止血止痛：荔枝除廣為人知的滋補作用外，還可用於外科疾病，如腫瘤、潰瘍、疔瘡惡腫、外傷出血等病。

(5) 止呃逆，止腹瀉：荔枝甘溫健脾，並能降逆，是頑固性呃逆及五更瀉者的食療佳品。

【附方】

(1) 治虛弱貧血：荔枝乾果 7 枚，大棗 7 個，每日 1 劑，水煎服。

(2) 治婦女崩漏，產後出血：荔枝（連殼）30 克，搥破。水煎服，每日 1 劑。

(3) 治遺精，消瘦，肢軟：荔枝根 60 克，豬膀胱 1 個洗淨，加 500 毫升水，煮至 250 毫升，去渣後食肉飲湯。每日 1 ～ 2 次。

(4) 治痢疾：荔枝殼 15 克，石榴皮 15 克，甘草 10 克。水煎服，每日 1 ～ 2 次。

(5) 治呃逆：荔枝 7 枚，連殼燒灰存性，研細末，以開水調服。每日 1 ～ 2 次。

(6) 治胃脘脹痛：荔枝根 30 克，枇杷根 30 克，水煎服。或鮮荔枝根 30 克～ 60 克，洗淨切碎，水煎服。每日 1 ～ 2 次。

(7) 治小兒遺尿：每日吃荔枝乾 10 個，常吃可見效。

(8) 治淋巴結核，疔毒：荔枝數個搗爛如泥，外敷患處，每日 1 次。或乾果 7 ～ 10 枚，海帶 15 克，海藻 15 克，以適量黃酒和水煎服，每日 1 劑，療程不限。

(9) 治麻疹初起或出而未透：荔枝 9 克，水煎服。每日 2 ～ 3 次。

(10) 治刀傷出血：荔枝核烘乾，研細末，外敷。

(11) 治燙，火傷：荔枝核燒存性，調菜油外敷。

(12) 治腎虛五更瀉：用荔枝乾 10 ～ 15 枚（去殼除核），加稻米適量燉粥服食，每日 1 次，連用 3 ～ 5 日，如酌加山藥、蓮子適量同燉，功效更好。

(13) 治子宮脫垂：去殼鮮荔枝（連核）1000 克，陳米酒 1000 克，浸泡 1 週後飲用，早晚各 1 次。

(14) 治疝氣：荔枝根 30 克，陳皮 9 克，硫黃 9 克，共研細末，用鹽水打糊為丸，如綠豆大，每次 10 粒，每日 2 次。或荔枝核 10 ～ 15 克，橘核 10 克，小茴香 5 克，川楝子 10 克。水煎服，還可用鮮荔枝根 100 克，洗淨切碎，水煎調紅糖飲服。

【養生食譜】

荔枝大棗羹

【原料】新鮮荔枝 100 克，大棗 10 顆，白糖少許。

【製作】將荔枝去皮核，切成小塊，另將大棗洗淨，先放入鍋內，加清水燒開後，再放入荔枝、白糖；待糖溶化煮沸，裝入湯碗。

【功效與特點】

此羹具有甘溫養血，益人顏色，健脾養心，安神益智的功效。適用於氣血不足，面色萎黃，失眠健忘等病症患者。婦女產後虛弱，貧血者亦可常食。

雪耳糯米荔枝

【原料】糖水荔枝 500 克，乾銀耳 20 克，糯米、冰糖各 100 克，糖水慈菇 50 克，蜜櫻桃 15 個，檸檬果酸少許。

【製作】將銀耳用清水浸泡回軟後摘去根蒂，洗淨，慈菇切成細粒;把銀耳放入鍋中，加入清水，用小火煮約 30 分鐘，再加入冰糖、檸檬果酸煮至冰糖溶化時，晾涼待用；糯米淘洗乾淨，加水上籠蒸熟，取出與慈菇拌勻，然後分別釀入各個荔枝內；將荔枝放入盆中，開口向上，再上籠蒸約 10 分鐘，取出放入冰箱凍涼後翻入盤中；將銀耳舀在周圍，櫻桃放在荔枝的間隙中即成。

【功效與特點】

此食品具有養胃生津，健脾消食的功效。適用於胃燥津傷，口乾口渴，大便乾結，食慾不振等病症。

荔枝蓮子粥

【原料】荔枝乾 7 枚，蓮子（去心）5 枚，粳米 60 克。

【製作】先將荔枝乾去外殼，蓮子洗淨，與粳米同入鍋內，加水煮成稀粥。

【功效與特點】

此粥具有健脾止瀉的功效。對於脾虛久瀉，老人腎虛，五更瀉者，常服有效。

荔枝海帶湯

【原料】乾荔枝果 7 枚，海帶 30 克，黃酒少許。

【製作】將荔枝乾去外殼，海帶水發後洗淨，切片;鍋內加清水，入荔枝乾、海帶片，煮沸後用小火燉至海帶軟爛，加入黃酒少許，煮沸後即可。

【功效與特點】

此湯具有軟堅散結的功效。適用於瘰癧（淋巴結核）、疝氣等病症，常食有效。

荔枝漿

【原料】荔枝 1000 克，蜂蜜適量。

【製作】取新鮮荔枝榨出果漿，入鍋內，加入蜂蜜攪勻，煮熟後置於瓷瓶中，封口 1 月餘，漿蜜結成香膏，放入冰箱中保存。

【功效與特點】

此漿具有益氣養陰，通神健腦的功效。適用於貧血、心悸、失眠、口渴、氣喘、咳嗽、食慾不振、消化不良、神經衰弱、便祕等病症。健康人食用更能益智健腦，澤膚健美，延年益壽。

【宜忌】

荔枝性偏溫熱，不可連續多食；食之過量會出現以低血糖為主的「荔枝病」，若遇此情況，可用荔枝殼煎湯服。嚴重者會出現昏迷，抽搐等症狀，應及時送醫院搶救。

榴槤

【簡介】榴槤俗稱麝香貓果，為木棉科植物榴槤的全草。原產馬來群島。果實有濃烈的芳香，果肉甜美，有「果王」之稱。

榴槤屬木棉科，是常綠喬木，高達 25 米，枝繁葉茂，樹冠很像一把撐天蔽陽巨傘，葉長橢圓形，革質，葉面光滑，葉背有鱗片。花形大，帶白色，聚傘花序。果實近於球形，果長約 25 公分，每個重 3 ～ 4 公斤，果皮黃綠色，長滿鋒利的木質刺，很像一隻大刺蝟。果肉嫩黃，香甜油膩，食後餘香不絕。榴槤的種子外面包裹著乳白色的假種皮，有惡臭。種子可炒食。

【性味】辛、甘，寒。入肝、腎、肺三經。

【功效主治】

滋陰強壯、疏風清熱、利膽退黃、殺蟲止癢。可用於精血虧虛鬚髮早白、衰老等症。可用於風熱等症。可治黃疸、疥癬、皮膚瘙癢等症。

【食療作用】

(1) 食用榴槤對身體十分有益，可健脾補氣，補腎壯陽，溫補身體。用榴槤皮內肉煮雞湯喝，可作婦女滋補湯，能祛胃寒。泰國人病後、婦女產後均以榴槤補養身子。

(2) 氣味具有開胃，增進食慾的作用，其中的膳食纖維還能促進腸蠕動。

【養生食譜】

榴槤雪糕

【原料】榴槤肉約 150 克，牛奶和鮮奶油各 3/4 杯，糖 3 大匙。

【製作】牛奶加糖煮至糖溶，熄火待涼；榴槤肉去核攪成糊狀；鮮奶油打發（只要打至 8 成起發便可）。牛奶、榴槤和鮮奶油一起拌勻放速凍，中途每隔 1 小時取出，攪拌均勻數次，之後放進雪糕盒凍硬便可（5～6小時）。

榴槤燉雞

【原料】榴槤（自己喜好多少），雞1隻（約重600克），薑片10克，核桃仁50克，紅棗50克，清水約用1500克，鹽少許。

【製作】雞洗乾淨去皮，放入滾水中，浸約5分鐘，斬成大塊；核桃仁用水浸泡，去除油味；紅棗洗淨去核；榴槤去嫩皮，留下大塊的外皮。可以去果肉，可以取汁，把外皮切小，因為味道比較重，少放一點為好。然後把雞、薑片、核桃仁、棗、榴槤皮與榴槤肉同放入鍋內滾開水中，加薑片，用猛火滾起後，改用文火煲3小時，加鹽，少量味精調味即成。

【功效與特點】

補血益氣，滋潤養陰，適合不同體質的人飲用，秋冬吃最合適。

椰絲托榴槤

【原料】

（1） 榴槤1/3粒，椰子粉80克，椒鹽1茶匙，甜辣醬2大匙。

（2） 脆酥粉1.5杯，雞蛋1個，沙拉油1茶匙，鹽1/2茶匙，糖1大匙，水適量。

【製作】榴槤剖開取出果肉，切成3公分×0.5公分的長條。再將調味料（2）調勻成麵糊。起油鍋，入油4杯燒至六分熱，將果肉依次蘸裹，用調成的糊及椰子粉，入鍋。炸至金黃色即可撈出瀝乾排盤，食用時可蘸胡椒或甜辣醬。

榴槤酥餅

【原料】榴槤，麵粉，蛋1個，糖兩勺，奶粉三勺，泡打粉一小勺，花生油兩勺。

【製作】榴槤去核。放一杯麵粉，兩勺糖，三勺奶粉和一小勺泡打粉，再加一個雞蛋和兩勺花生油。拌勻，鋪平在烤盤裡，用刀切出條紋。放進預熱過的烤箱用

200度烤20分鐘後取出來塗蛋黃液，撒白糖。再用180度烤20分鐘即完成。

【功效與特點】健脾補氣，補腎壯陰。

榴槤杏香湯

【原料】榴槤，南杏，青木瓜，枸杞，艾草。

【製作】先將榴槤內果肉取出，洗淨後，切塊備用。再將南杏、青木瓜、榴果肉、艾草一起放入鍋中燉煮1～2小時後，添加枸杞即可。

【功效與特點】溫補身體，能祛胃寒。

榴槤布丁

【原料】蛋黃2個，鮮奶125克，鮮奶油125克，糖50克，榴槤肉50克。

【製作】將蛋黃和糖攪拌均勻；牛奶和鮮奶油煮到80℃；倒入蛋黃混合物中快速攪勻；然後再加入榴槤肉繼續攪勻；將攪拌好的液體放入小碗內隔水放入烤爐內（焗）30分鐘，取出放入冰箱冷卻；食用前用圓頭裱花嘴擠出榴槤形狀，再用幼篩撒上綠茶粉。

【功效與特點】營養豐富，補腎壯陽。

榴槤粥

【原料】圓糯米2杯、水1.5杯、榴肉3～4瓣、椰漿1～2罐、水2杯、糖少許、鹽少許。

【製作】圓糯米洗淨瀝乾，加水放入電鍋，內鍋上方放上榴肉，一起以一般煮飯方式煮至跳起再略燜。椰漿加水煮開，以糖和鹽略調味，取出榴肉略煮，食用時取適量糯米飯，淋上榴、椰漿，拌成粥狀。

榴槤龍皇捲

【原料】鮮活龍蝦、鮮榴槤肉、芹菜骨、麵漿。

【製作】將鮮活龍蝦頭尾取下蒸熟擺盤，蝦身起肉分成 6 片，夾以鮮榴槤肉、芹菜骨，掛上薄麵漿炸至金黃色裝盤。

【功效與特點】果香撲鼻，龍蝦鮮美爽口，口味奇特。

【宜忌】

(1) 成熟後自然裂口的榴槤存放時間不能太久；
(2) 當聞到一股酒精味時，一定是變質了，千萬不要購買；
(3) 一次不可多吃，過食會上火，也可引起便祕；
(4) 因其含熱量和糖分較高，肥胖者宜少吃，糖尿病者更不能吃；
(5) 它亦含較高的鉀，腎病及心臟病人應少吃；
(6) 熱性體質者、陰虛體質者、糖尿病患者、喉痛咳嗽者、感冒者等都不宜吃榴槤；
(7) 吃過榴槤的 9 個小時內不允許飲酒。

羅漢果

【簡介】為葫蘆科多年生宿根草質藤本植物，羅漢果的果實，又名漢果、拉漢果、青皮果、羅晃子、假苦瓜等。羅漢果可鮮吃，但常烘乾保存，是一種風味獨特的乾果。羅漢果形似雞卵，皮熟鮮果外皮呈綠色，經炭火烘乾後成褐紅色，有光澤，殘留少許茸毛，乾果皮薄而脆，果實表面呈黃白色，質鬆軟，似海綿狀。羅漢果含豐富的維他命 C（每 100 克鮮果中含 400 ～ 500 毫克）以及醣苷、果糖、葡萄糖、蛋白質、脂類等。羅漢果被譽為中華神果，為中國廣西名產，以果入藥。味甘、性涼，歸肺、大腸經，清熱潤肺，滑腸通便。用於肺火燥咳，咽痛失音，腸燥便祕。治療百日咳、急慢性支氣管炎、哮喘、高血壓及糖尿病等症。

【性味】性涼，味甘；入肺、脾、大腸經。

【功效主治】

清熱涼血，止咳化痰，潤腸通便。主治感冒、氣管炎、百日咳、肺結核、咳嗽痰多、咽喉炎、失音及腸燥便祕等病症。

【食療作用】

(1) 補充營養：羅漢果果肉清甜，含有人體所需要的多種營養成分，能提高人體的抗病和免疫能力，可作為壞血病、癌症及老年病的配合治療。

(2) 治療糖尿病：羅漢果中含有一種比蔗糖甜 300 倍的醣苷，此種物質無一般食糖的作用，但又能讓人產生飽腹感，且羅漢果中含有大量粗纖維，能減輕飢餓感，故可作為糖尿病的食療果品。

(3) 降血脂：羅漢果中含有亞油酸、油酸等多種不飽和脂肪酸，可降低血脂、減少脂肪在血管內的沉積，對防治高脂血症、動脈粥樣硬化有一定療效。

(4) 利咽消炎：羅漢果性涼而味甘，含有多種不飽和脂肪酸，具有消炎清熱，利咽潤喉的作用。

【附方】

(1) 治肺熱咳嗽：羅漢果 1 個，魚腥草 30 克，桔梗 10 克，黃芩 10 克，甘草 6 克。水煎服，每日 2 ～ 3 次。

(2) 治百日咳：羅漢果 1 個，百部 15 克，瘦豬肉 30 克。水煎，飲湯吃瘦豬肉，每日 2 ～ 3 次。

(3) 治咽喉炎：羅漢果 1 個，泡開水，徐徐咽下。或羅漢果 1 個，胖大海 3 枚，泡開水，徐徐咽下。

(4) 治急性扁桃體炎：羅漢果 1 個，崗梅根 30 克，桔梗 10 克，甘草 6 克。水煎服，每日 1 ～ 2 次。

(5) 治腸道燥熱，大便祕結：羅漢果 1 個，泡水飲。或與膨大海水煎服，每日 2 ～ 3 次。

【養生食譜】

水晶羅漢果

【原料】新鮮羅漢果 3 個，瓊脂 30 克，紅櫻桃 5 粒，冰糖 150 克。

【製作】將羅漢果果殼敲破，取出瓤後用沸水沖泡兩次，瀝出羅漢果汁約 800 毫升備用；瓊脂剪短，以溫開水浸泡 30 分鐘撈出；將瓊脂放於鋁鍋內，倒入羅漢果汁、冰糖，以小火慢煎使之溶化，然後以紗布過濾，汁水放碗中，待其凝結，將紅櫻桃切碎撒入湯液中即成，若放入冰箱冰鎮後味道更佳。

【功效與特點】

本食具有清熱化痰，潤肺止咳之功效。適宜於百日咳，痰火咳嗽，血燥便祕等病症。

羅漢果

羅漢果粥

【原料】新鮮羅漢果 1 個，豬瘦肉末 50 克，粳米 100 克。

【製作】將羅漢果洗淨拍碎，與豬瘦肉末一同入六成熱油鍋，旺火煸炒 1 分鐘後取出備用；另取一瓦罐，加入粳米，適量清水，旺火煮沸後，加入羅漢果、肉末，改小火續煎 20 分鐘，調入精鹽、味精、芝麻油即成。

【功效與特點】

本餚具有清肺止咳，潤腸通便的功效。適宜於肺熱咳嗽、大便燥結、氣管炎、咽喉炎、老年性便祕等病症。

羅漢果茶

【原料】新鮮羅漢果 1 個，綠茶適量。

【製作】先將果殼敲碎，取出果瓤，切成薄片放入茶杯中，加入綠茶，以沸水沖泡 10 分鐘飲用，每日 2 次。

【功效與特點】

本茶具有生津止渴，清利咽喉的功效。適用於咽喉炎，失音，暑熱煩渴等病症。也可作為歌手及播音員，教師的保健飲品。

羅漢果飲

【原料】羅漢果 10 克，蜂蜜適量，山楂片 10 克，淨水 250 克。

【製作】

(1) 羅漢果洗淨、壓碎，山楂洗淨，與羅漢果同放鍋中。

(2) 鍋內加淨水，上火煮熟後，去渣留汁倒入杯中。

(3) 將蜂蜜適量放入杯中，攪勻，作夏季飲料飲用。

【功效與特點】減肥健身。

【宜忌】羅漢果性涼，風寒感冒、咳嗽患者不宜食用。

芒果

【簡介】為漆樹科植物芒果的成熟果實。又名庵羅果、檬果、蜜望子、香蓋等。芒果原產印度、緬甸、馬來西亞一帶，現印度為主產國，其次為巴基斯坦、巴西、墨西哥等。品種達千個，主要生產國大量出口的良種也達 80 種。臺灣的芒果產量也很豐富。果實橢圓、滑潤，果皮呈檸檬黃色，有特殊樹脂香味，肉質多汁；形色美豔，給人一種溫馨親切之感，充滿詩情畫意。芒果的營養價值很高，維他命 A 含量高達 3.8%，比杏子還要多出 1 倍。維他命 C 的含量也超過橘子、草莓。芒果含有糖、蛋白質及鈣、磷、鐵等營養成分，均為人體所必需。除供鮮食外，還可做蜜餞、罐藏、果醬、果脯等。果皮入藥，葉和樹皮可作黃色染料。

【性味】性涼，味甘酸；入肺、脾、胃經。

【功效主治】

益胃止嘔，解渴利尿。主治口渴咽乾，食慾不振，消化不良，暈眩嘔吐，咽痛音啞，咳嗽痰多，氣喘等病症。

【食療作用】

(1) 抗菌消炎：芒果未成熟的果實及樹皮、莖能抑制化膿球菌、大腸桿菌等，芒果葉的提取物也同樣有抑制化膿球菌、大腸桿菌的作用，可治療人體皮膚、消化道感染疾病。

(2) 防癌抗癌：芒果果實含芒果酮酸、異芒果醇酸等三醋酸和多酚類化合物，具有抗癌的藥理作用。芒果汁還能增加胃腸蠕動，使糞便在大腸內停留時間縮短。因此食芒果對防治大腸癌大有裨益。

(3) 祛痰止咳：芒果中所含的芒果苷有祛痰止咳的功效，對咳嗽痰多氣喘等症有輔助治療作用。

(4) 降低膽固醇、三酸甘油酯：芒果中含維他命C量高於一般水果，為56.4～98.6毫克，芒果葉中也有很高的維他命C含量，且具有即使加熱加工處理，其含量也不會消失的特點。常食芒果可以不斷補充體內維他命C的消耗，降低膽固醇、三酸甘油酯，有利於防治心血管疾病。

(5) 明目：芒果的糖類及維他命含量非常豐富，尤其維他命A含量占水果之首位，具有明目的作用。

【附方】

(1) 治氣逆嘔吐：芒果1個，生食。或芒果片30克，生薑5片。水煎服，每日2～3次。

(2) 治煩熱口渴：芒果1～2個生食。或芒果片30克，蘆根30克，大花粉30克，知母15克。水煎服，每日2～3次。

(3) 治閉經：芒果1個生食，或芒果片20克，桃仁9克，紅花9克，當歸9克，赤芍9克，熟地30克煎服，每日1劑。

(4) 治熱滯腹痛，氣脹：芒果葉15克，枳實10克，鬱金10克，川楝子9克。水煎服，每日2劑。

(5) 治疝氣痛：芒果核50克，柴胡9克，川楝子9克，白芍30克，枳實9克，荔枝核30克。水煎服，每日2劑。

【養生食譜】

芒果燒雞柳

【原料】青芒果250克，雞肉500克，番茄、洋蔥各1個，生粉、白蘭地酒、胡椒粉、鹹奶油、蠔油、白糖、鹽各少許。

【製作】將芒果洗淨，去皮切片；洋蔥和番茄洗淨，切成角塊；雞肉洗淨，切成塊放入碗內，加入生粉拌勻；將鍋放火上，加入花生油燒熱，投入洋蔥，炒出香味時，放入雞肉炒勻，加入白蘭地酒、鹹奶油、白糖、蠔油、胡椒粉、精鹽，倒入芒果、番茄，注入適量清水，然後用勺輕輕攪幾下，待熟後出鍋，倒入碗內即成。

【功效與特點】

此食品具有補脾胃，益氣血，生津液的功效。適用於脾胃虛弱，食慾不振，氣血虧虛，咽乾口渴等病症。

芒果汁

【原料】鮮芒果 3 個。

【製作】洗淨去皮核，放入果汁機榨取其汁。每日早、晚各服 20 毫升。

【功效與特點】

此汁具有益胃消食止嘔的功效。適用於食慾不振、消化不良、噁心嘔吐等病症。

芒果凍

【原料】芒果 2 個，牛奶 100 克，白糖 30 克，瓊脂 3 克。

【製作】

(1) 將瓊脂用開水泡軟，再煮化；芒果榨汁。

(2) 將牛奶放入鍋中，煮開加糖，至糖溶化，離火晾涼，加入瓊脂、芒果汁，攪勻，倒入容器中，置冰箱內冷凍即成。

【功效與特點】

色澤鮮豔，清涼可口。本甜品性味甘酸、涼、具有養胃、解渴、利尿的功效。可輔助治療慢性咽喉炎、聲音嘶啞等症。

芒果陳皮瘦肉湯

【原料】未成熟的芒果 2 ～ 3 個，陳皮半個，精肉 150 克。

【製作】將芒果洗淨，切開晒乾，與陳皮、豬肉共置砂鍋中，慢火煲湯，煲 3 小時後取食，分 2 ～ 3 次服完。

【功效與特點】

此湯具有清肺化痰，解毒散邪、排膿的功效。用作肺膿瘍患者的輔助食療有良效。

芒果茶

【原料】芒果 2 個，白糖適量。

【製作】芒果洗淨去皮、核，切片放入鍋內，加入適量水，煮沸 15 分鐘，加入白糖攪勻即成，代茶頻飲。

【功效與特點】

此茶具有生津止渴開音的功效，是慢性咽喉炎，聲音嘶啞患者的食療佳品。

【宜忌】

芒果不宜一次食入過多；臨床有過量食用芒果引致腎炎的報導；不宜與大蒜等辛辣食物同食，否則易致黃疸。

梅子

【簡介】為薔薇科植物梅的果實。又名梅實、酸梅、春梅。（果實將成熟時採摘，其色青綠，稱為青梅。青梅經煙熏烤或置籠內蒸後，其色烏黑，稱為烏梅）

【性味】性平，味甘酸；入肝、脾、肺、大腸經。

【功效主治】

斂肺澀腸，除煩，生津止渴，殺蟲安蛔，止血。主治久咳，虛熱煩渴，久瘧，久瀉，尿血，血崩，蛔厥腹痛，嘔吐等病症。

【食療作用】

(1) 廣譜抗菌：實驗證明，烏梅水煎液（1 ： 1）對炭疽桿菌、白喉和類白喉桿菌、葡萄球菌、肺炎球菌等皆有抑制作用，對大腸桿菌、宋內志賀菌、變形桿菌、傷寒和副傷寒桿菌、綠膿桿菌、霍亂弧菌等腸內致病菌也有效。其乙醇浸液對一些革蘭陽性和陰性細菌，及人型結核桿菌均有顯著抗菌作用。烏梅水煎液在試管內對鬚瘡癬菌、絮狀表皮癬菌、石膏樣小芽孢菌等致病皮膚真菌有抑制作用。

(2) 抗過敏：烏梅（1 ： 1）水煎劑及其合劑能減少豚鼠蛋白性休克的動物死亡數，對離體兔腸也有明顯抑制作用，證明烏梅可以抗蛋白質過敏。

(3) 促進膽汁分泌：烏梅能夠使膽囊收縮，促進膽汁分泌和排泄，為治療膽道蛔蟲症之良藥。

(4) 解暑生津：梅果肉含有較多的鉀，用烏梅製作的酸梅湯，可防止汗出太多引起的低鉀現象，如倦怠、乏力、嗜睡等，是清涼解暑生津的良品。

(5) 防癌抗癌：烏梅體外試驗對人體子宮頸癌 JTC-26 有抑制作用，抑制率在 90% 以上，常食梅肉可以防癌抗癌，益壽延年。

【附方】

(1) 細菌性痢疾：取烏梅 18 克，再配合香附 12 克，加水 150 毫升文火煎煮，濃縮至 50 毫升時過濾，分 2 次服。

(2) 溫病：烏梅 2 ～ 30 枚不等，常用 2 ～ 5 枚，白糖 30 ～ 60 克。個別病例隨症加減。

(3) 鉤蟲病：烏梅 15 ～ 30 克，加水 500 毫升，煎成 120 毫升，早晨空腹 1 次服完；二煎在午餐前 1 次服下。也可用烏梅去核，文火焙乾研為細末，水泛為丸，每服 3 ～ 6 克，每天 3 次，食前服。

(4) 牛皮癬：取烏梅 2500 克，水煎，去核濃縮成膏約 500 克，每次服半湯匙(約 9 克)，每天 3 次。

(5) 白癜風：將烏梅 50 克，加入乙醇適量，浸泡 1 ～ 2 週過濾去渣，磚加二甲基亞碸適量即成烏梅酊。用時，取烏梅酊搽塗患處，每天 3 ～ 4 次，每次 3 ～ 5 分鐘。

(6) 尋常疣：取烏梅 4 ～ 6 克，放入食醋 20 ～ 30 毫升中，裝入玻璃瓶內備用。需浸泡 1 週。用時，令患者先用熱水浸洗患部，然後用手術刀削平病變處角化組織，以有滲出血為度。取膠布 1 塊，視病變部位的大小，中間剪 1 小孔，貼在皮膚上，暴露病損部位，取烏梅肉研成糊狀，敷貼在病變組織上，外用 1 層膠布蓋嚴，3 天換藥 1 次。

(7) B 型肝炎：取烏梅 15 ～ 30 克，虎杖根 30 克，本方為 1 天劑量，煎湯加糖適量口服，2 週為一個療程。

(8) 甲溝炎：取烏梅 1 ～ 2 枚，放置於瓦上文火焙酥，去核研成極細末，裝入瓶內備用。用時，以生理鹽水澈底清創後再撒烏梅粉，紗布包紮，連續用藥 2 ～ 5 天即可痊癒或好轉。

(9) 過敏性鼻炎：烏梅 10 克，防風 5 克，甘草 1 克。每天 1 劑，開水 200 毫升泡 1 小時後送服。早晨，服補中益氣丸 10 克，刺五加糖漿 10 毫升；晚上，服補腎強身片 8 片，刺五加糖漿 10 毫升；清涕多似水時，加服金鎖固精丸，早晚各 1 粒；鼻癢噴嚏獨重者，加服千柏鼻炎丸。

（10） 各種息肉（聲帶息肉、鼻息肉、聲帶小結、食道息肉、陰道息肉、大腸息肉等）：烏梅 1500 克（酒醋浸泡一宿，以浸透烏梅為度，去核，焙焦存性），僵蠶 500 克（米拌炒微黃為度），人指甲 15 克（用鹼水或皂水洗淨，晒乾；再和滑石粉，入鍋內同炒，至指甲黃色鼓起為度，取出篩去滑石粉，待涼，碾粉備用），或用泡山甲 30 克代替，象牙屑 30 克。將以上藥共研為極細末，煉蜜為丸，每丸重 9 克，裝入瓷瓶內。若黴變者，不可再服用。每天 3 次，每次 1 丸，白開水送下。兒童用量酌減。服藥期間，忌辛辣菸酒等刺激性食物。

（11） 小兒腹瀉：取烏梅與山楂各 1000 克，洗淨後加水 4000 毫升，浸泡 1 小時後，水煎 1.5 ～ 2 小時，倒出藥液，再加水 2000 毫升煎煮，連續 3 次過濾後，合併 3 次濾液，再煎濃縮至 1000 毫升，加防腐劑和糖，每次口服 5 毫升，每天 3 ～ 4 次。

（12） 頑固性痛經：取烏梅、白芷水煎，每天 1 劑，分 2 ～ 3 次口服。在月經來臨前 1 週始服，連續服至月經來潮。為鞏固療效，可在下次月經週期再服一療程。

（13） 神經性皮炎：烏梅、青蒿、松葉、薄荷各 500 克，牛黃 2 克，冰片 50 克，用醋酸浸泡。

（14） 絛蟲病：烏梅 30 克，生檳榔 20 克，石榴皮、雷丸、使君子各 10 克，每天 1 劑水煎，清晨空腹頓服。並用生南瓜子 50 克，空腹嚼服。

（15） 先兆流產：烏梅炭 20 ～ 40 克，菟絲子 30 克，白芍 20 克，生地、熟地、黃柏各 10 克，炙甘草 6 克。隨症加減。每天 1 劑水煎服。酌情用維他命 E 膠丸每天 50 毫克，分 2 次口服。服用 10 天。

【養生食譜】

糖漬青梅

【原料】鮮青梅 5000 克，白糖 1000 克，食鹽、明礬各適量。

【製作】先將青梅用清水略洗，去雜質及小石形成的果實；再將梅置盆中，加入食鹽和明礬，用適量清水拌勻，待青梅顏色轉黃後撈出；將青梅逐一刺上 10 ～ 15 個孔眼，用清水再泡 6 小時左右，瀝乾水分；將青梅倒瓦盆中，加入砂糖攪拌均勻，待糖溶解後，糖漬，每隔兩天檢查 1 次，上下翻動，逐步加糖，待糖液濃度呈飽和狀態即可。

【功效與特點】

本食品具有生津止渴，澀腸止痢的功效。適用於煩渴、心神不安、消渴、腸炎、痢疾等病症。

烏梅粥

【原料】烏梅 15 ～ 20 克，粳米 100 克，紅棗 3 枚，冰糖適量。

【製作】先取烏梅洗淨，加水 200 毫升，煎至 100 毫升，去渣留取其汁；再加入粳米、紅棗、冰糖，然後加水 600 毫升左右，煮為稠粥，早、晚溫熱服食。

【功效與特點】

此粥具有生津止渴，澀腸止瀉，安蛔止痛的功效。適用於治療久瀉久痢、便血尿血、夏季煩渴多飲以及慢性萎縮性胃炎、慢性腸炎等病症。

烏梅虎杖蜜

【原料】烏梅 250 克，虎杖 500 克，蜂蜜 1000 毫升。

【製作】將烏梅、虎杖洗淨，加清水（以浸沒為度）浸泡 1 小時；置大瓦罐內，小火慢煎約 1 小時，煎至約剩下一大碗湯液時，濾出頭汁，再加水三大碗，煎至大半碗湯液時，濾出二汁，棄渣；將頭汁、二汁與蜂蜜一起倒入大砂鍋內，小火煎沸 5 分鐘後離火，冷卻裝瓶蓋緊。每日 2 次，每次 1 匙，飯後開水沖服。3 個月為一療程。

【功效與特點】

此蜜具有消炎止痛，利膽解毒，促進膽汁分泌的功效。適用於慢性膽囊炎患者服食，作為輔助治療食品，夏季天氣炎熱時此方最宜。

醋浸烏梅棗

【原料】烏梅 50 克，黑棗 1000 克，陳醋一大碗。

【製作】先將烏梅放入醋液中浸泡 3 天；3 天後將黑棗也放入醋液中，與烏梅一同浸泡 4 天，每天翻拌 2 ～ 3 次；1 週後，將烏梅、黑棗連同醋液，一起倒入砂鍋內，用小火將醋汁燒至快乾時離火；取黑棗及余汁盛入瓷盆，棄烏梅。每日 2 ～ 3 次，每次食棗 2 ～ 3 個。

【功效與特點】

此方具有健脾柔肝，斂肺澀腸，解毒止血的功效。適用於兒童肛門脫出、反覆發作、頑固難癒、兼有便血者。常食甚效。

青梅酒

【原料】青梅 30 克，黃酒 100 毫升。

【製作】青梅洗淨與酒一同放入瓷杯中，隔水蒸 20 分鐘。每次服 20 毫升，每日 2 次。

【功效與特點】

此酒具有理氣止痛，消食止泄的功效。適用於消化不良性泄瀉及急性胃腸炎等病症。

烏梅糖

【原料】白砂糖 500 克，烏梅肉 200 克，蘇葉細粉 50 克。

【製作】將白砂糖放在鋁鍋中，加水少許，以小火煎熬至較稠厚時，加入烏梅、蘇葉細粉調勻，即停火。趁熱將糖倒在表面塗過食用油的大琺瑯盤中，待稍冷，將糖壓平，用刀劃成小塊。冷卻後即成棕色砂板糖。

【功效與特點】

此品有解表和中、生津止渴功效，夏季經常食用，可防治中暑發熱、口渴、嘔噁、腹瀉等症。

【宜忌】

梅子味極酸，多食易損齒。胃酸過多者不宜食，外感咳嗽、溼熱瀉痢等邪盛者亦忌用。

奇異果

【簡介】為奇異果科植物奇異果的果實。又名藤梨，羊桃，毛梨，連楚。奇異果果實鮮美，風味獨特，酸甜適口，營養豐富。果肉含多種維他命，堪稱水果之王；同時含有脂肪、蛋白質、鈣、磷、鐵、鎂等多種微量元素和多種胺基酸及果膠等營養成分；還含有獼猴桃鹼，對胃癌、食道癌、風溼、黃疸有預防和治療作用。可加工成果醬、果汁、果脯等食品和飲料。奇異果種子含油，根、莖、葉、花、果均可入藥，有滋補強身、清熱利水、生津潤燥之功效。

【性味】性寒，味甘酸；入脾、腎、膀胱經。

【功效主治】

清熱生津，止渴消煩，利水通淋。主治煩熱、消渴、黃疸及熱淋、石淋、小便澀痛等病症。

【食療作用】

(1) 幫助消化，促進排便：奇異果含有蛋白水解酶，能幫助食物尤其是肉類食物的消化，阻止蛋白質凝固；其所含纖維素和果酸，有促進腸道蠕動，幫助排便的作用。

(2) 防治心血管疾病：奇異果鮮果及果汁製品，可降低膽固醇及三酸甘油酯平均值，對高血壓、高脂血症、冠心病等有輔助治療作用。

(3) 解毒護肝：研究發現，奇異果可作為汞的解毒劑，使血汞下降，肝功能改善。此外，還可輔助治療酒精中毒、壞血病、過敏性紫癜、感冒及脾臟腫大、骨節風病、熱毒、咽喉痛等。

(4) 防癌抗癌：奇異果果汁能阻斷致癌物質 N- 亞硝基嗎啉在人體內合成，預防多種癌症的發生，其有效物質 AH 中具有直接抗癌和間接抗癌的作用，既能抑制亞硝基的產生，又能提高免疫功能。

(5) 烏髮美容：奇異果含有營養頭髮的多種胺基酸、泛酸、葉酸及黑髮的酪胺酸等物質，並含有合成黑色顆粒的銅、鐵等礦物質和具有美容作用的鎂，因此被人稱為「美容果」。

【附方】

(1) 治脫肛：奇異果根 30 克，豬大腸 1 段。水煎湯服，每日 2 次。

(2) 治食道癌早期：奇異果根 250 克（鮮 500 克），用白酒浸泡 1 週。每次 15 ～ 30 毫升，每日 3 次。

(3) 治妊娠嘔吐：鮮奇異果根 90 克，生薑 9 克。加水煎服。每日早、晚各 1 次。

(4) 治乳腺炎：取鮮奇異果葉一把洗淨，與適量酒精、紅糖同搗爛，加熱外敷。每日早晚各 1 次。

(5) 治淋濁帶下：取奇異果乾根 50 ～ 60 克，苧麻根 60 克。加水煎服，每日 2 次。

【養生食譜】

奇異果羹

【原料】奇異果 200 克，蘋果 1 顆，香蕉 2 條，白糖、溼澱粉各適量。

【製作】將奇異果、蘋果、香蕉分別洗淨，切成小丁；將桃丁、蘋果丁、香蕉丁放鍋內，加適量水煮沸，再加白糖，用溼澱粉勾稀芡，出鍋即成。

【功效與特點】

此羹具有清熱解毒、生津止渴的功效。適用於煩熱、消渴、食慾不振、消化不良、石淋等病症。常人食用能增強防病免疫力，澤膚健美。

冰糖奇異果

【原料】奇異果（去皮、核）250 克，冰糖適量。

【製作】將奇異果洗淨，去皮、核，切成小塊，置於碗中，放入冰糖，上籠蒸至桃肉熟爛，取出即可食用。

【功效與特點】

此食具有生津養陰，降壓降脂的功效，適用於高血壓、高血脂、冠心病、咽喉疼痛、心煩口渴等病症。常人食之，能滋潤肌膚，烏髮養顏。

奇異果銀耳羹

【原料】奇異果 100 克，水發銀耳 50 克，白糖適量。

【製作】將奇異果洗淨，去皮、核切片。將水發銀耳去雜，洗淨撕片，放入鍋內。加水適量，然後煮至銀耳熟，再加入奇異果片、白糖，煮沸出鍋。

【功效與特點】

此羹具有潤肺生津，滋陰養胃的功效。適用於煩熱、消渴、食慾不振、消化不良、肺熱咳嗽、痔瘡等病症。健康人食之、能提高免疫力、預防癌症、澤膚健美、延年益壽。

蛋酥奇異果

【原料】奇異果 500 克，精麵粉、白糖各 200 克，雞蛋 2 枚，花生油 1000 毫升。

【製作】奇異果去毛洗淨，對半切開；雞蛋敲於碗內，抽打起泡，調入麵粉，加熟花生油 30 毫升，製成蛋麵糊；炒鍋放火上，倒入花生油，燒至七成熱，將奇異果逐片掛麵糊下鍋，炸至金黃色，撈起裝盤；原鍋放火上，鍋裡留油 15 毫升，加入清水、白糖，溶成糖液，將糖液淋於炸好的奇異果片上即成。

【功效與特點】

本食品具有健脾利溼，益心養陰的功效。可用於防治心血管病、尿路結石、肝炎等疾病。

奇異果羹

【原料】奇異果 150 克，白糖 25 克，溼澱粉 25 克。

【製作】

(1) 將奇異果洗淨，包入紗布內擠汁。

(2) 鍋架火上，放水加糖，燒開後，放入奇異果汁煮沸，用溼澱粉勾芡，出鍋後晾涼即成。

【功效與特點】

羹汁黏滑，清香味甜。本甜品營養價值很高，具有保護心肌、降低血液、膽固醇和抗癌的作用，還可作為防治心、腦血管病變的保健食物。

【宜忌】

奇異果性寒，脾虛大便泄瀉者不宜食用；風寒感冒、瘧疾、寒溼型痢疾、慢性胃炎、病經、閉經、小兒腹瀉等患者不宜食用。

【小貼士】

(1) 奇異果含酸量大，食用後應立即刷牙、漱口。

(2) 兒童臨睡前不宜食用，以防發生齲齒。

木瓜

【簡介】為薔薇科植物貼梗海棠的果實。又名木瓜實、鐵腳梨、宣木瓜等。木瓜屬於熱帶水果，有特殊而濃烈的香氣，可生吃也可熟食，並且一個木瓜的維他命C含量高達200毫克，所以廣受民眾喜愛。木瓜不僅含有豐富的維他命C，而且還含一些抗氧化物質，有抗癌的效果。其氣味甘美，又好消化，幾乎所有人都能吃。

【性味】性溫，味酸；入肝、脾經。

【功效主治】

消食，驅蟲，清熱，祛風。主治胃痛、消化不良、肺熱乾咳、乳汁不通、溼疹、寄生蟲病、手腳痙攣、疼痛等病症。

【食療作用】

(1) 健脾消食：木瓜中的木瓜蛋白酶，可將脂肪分解為脂肪酸；現代醫學發現，木瓜中含有一種酵素，能消化蛋白質，有利於人體對食物進行消化和吸收，故有健脾消食之功。

(2) 抗疫殺蟲：番木瓜鹼和木瓜蛋白酶具有抗結核桿菌及寄生蟲如條蟲、蛔蟲、鞭蟲、阿米巴原蟲等作用，故可用於殺蟲抗癆。

(3) 通乳抗癌：木瓜中的凝乳酶有通乳作用，番木瓜鹼具有抗淋巴性白血病之功，故可用於通乳及治療淋巴性白血病（血癌）。

(4) 補充營養，提高免疫力：木瓜中含有大量水分、碳水化合物、蛋白質、脂肪、多種維他命及多種人體必需的胺基酸，可有效補充人體的養分，增強機體的免疫力。

(5) 抗痙攣：木瓜果肉中含有的番木瓜鹼具有緩解痙攣疼痛的作用，對排腸肌痙攣有明顯的治療作用。

【附方】

(1) 治風溼，手腳腰疼痛，不能舉動之痺症：木瓜 10 克，牛膝 9 克，巴戟 9 克，雞

血藤 30 克。水煎服，每日 2 次。

(2) 治溼滯氣阻或吐瀉陰傷之筋急項強，腳膝筋急，或腓肌緊急疼痛：木瓜 12 克，乳香 9 克，沒藥 9 克，生地 15 克。水煎服，每日 2 次。

(3) 治寒溼壅滯而致腳氣：木瓜 12 克，紫蘇 9 克，山茱萸 9 克，檳榔 12 克，陳皮 6 克。水煎服，每日 2 次。

(4) 治伏暑感寒，惡寒發熱，頭痛體倦，胸痞：木瓜 10 克，藿香 10 克，厚朴 10 克，扁豆 15 克。水煎服，每日 2 次。

(5) 治脾溼不運而致水瀉不止：木瓜 10 克，乾薑 9 克，甘草 6 克。煎服，每日 2 次。

【養生食譜】

木瓜燒鳳尾菇

【原料】新鮮木瓜 200 克，鮮鳳尾菇 250 克，白糖 20 克，醬油、料酒各 20 毫升，花生油 800 毫升。

【製作】將鮮木瓜削去果皮，切成寬 1 公分、長 4 公分、厚 0.5 公分的薄片；鳳尾菇洗淨，切成大小為 3 公分 ×4 公分的斜刀片，以鹽水浸 1 分鐘撈出備用；炒鍋放火上，倒入花生油，燒至八成熱，倒入木瓜片稍炸撈起備用；原炒鍋中花生油倒出，酌留底油，倒入鳳尾菇，翻炒幾下，再倒入木瓜片、白糖、醬油、料酒及適量清水，煮 5 分鐘後，以溼澱粉勾芡，調入味精，裝盤即成。

【功效與特點】

此菜具有健脾開胃、化食止瀉、祛溼舒筋的功效。適宜於慢性關節炎、消化不良性泄瀉、肌肉風溼攣痛等病症。

素絲木瓜

【原料】鮮木瓜300克，豆百頁200克，筊白筍100克，青椒50克，花生油50毫升。

【製作】將木瓜削去外皮，筊白筍削去外皮，與豆百頁一起切成長為5公分的細絲備用；青椒去蒂，薑去皮，洗淨，與蔥白一齊切成細絲；炒鍋置火上，倒入花生油，燒熱，投薑、青椒、蔥白絲翻炒幾下，再倒入木瓜、筊白筍、豆百頁絲，調入精鹽、白糖、香醋，加適量清水，燜10分鐘，淋上麻油，調入味精，裝盤即成。

【功效與特點】

本菜具有健脾開胃、幫助消化的功效。可供胃痛、消化不良等患者食用，亦能減肥。

冰糖木瓜

【原料】新鮮木瓜200克，冰糖30克。

【製作】先將木瓜削去外皮，切成1公分見方的木瓜丁；再將木瓜丁、冰糖同放入瓦罐中，加入適量清水，以文火燉30分鐘，待溫服食，每日1次。

【功效與特點】

本食具有清熱潤肺的功效，適用於肺熱乾咳，虛熱煩悶等病症。

木瓜豬手湯

【原料】半熟鮮木瓜250克，豬手1隻。

【製作】將木瓜削去果皮，切成2公分見方的果丁，豬手洗淨，剁成小塊；兩者同放入瓦罐中，加清水適量，精鹽少許；以小火慢燉40分鐘，調入味精即成，每日1次，連服3天。

【功效與特點】

本餚具有理氣通乳的功效，適用於產後乳汁稀少的婦人服食。

青木瓜燒排骨

【原料】生木瓜半個，小排骨 600 克，蔥 2 根，薑 2 片。

調味料：(1) 醬油 3 大匙，酒 1 大匙，冰糖 1 大匙。(2) 太白粉 1 茶匙，麻油 1 茶匙。

【製作】

(1) 生木瓜去皮、子，洗淨切滾刀塊，小排骨切 2 公分 ×2 公分方塊備用。

(2) 炒鍋燒熱加 1/3 杯油，爆香蔥、薑，入冰糖炒至金黃色，再入小排炒到外皮焦黃。

(3) 鍋中加入調味料 (1) 及生木瓜拌炒，並加水蓋過所有材料，蓋上鍋蓋以小火燜煮 45 分鐘後，再乙太白粉勾芡並滴入少許麻油即可起鍋。

涼拌青木瓜

【原料】生木瓜 1 個，朝天椒 4 個，香菜 20 克，碎花生粒 2 大匙，蝦米 1 茶匙。

調味料：(1) 鹽 1 茶匙。(2) 魚露半大匙、糖 1/2 茶匙、檸檬汁 1 大匙。

【製作】

(1) 生木瓜去皮、子，切成細條，用鹽抓勻後醃 30 分鐘，再沖水 10 分鐘，並壓去水分備用。

(2) 蝦米泡開、切碎末；朝天椒及香菜洗淨、切碎。

(3) 所有材料與調味料 (2) 拌勻後盛盤，並撒上碎花生粒即可。

【功效與特點】營養豐富，提高免疫力。

南北杏燉木瓜

【原料】生木瓜 1 個，小排骨 300 克，南北杏 10 克。

調味料：鹽 1/2 茶匙。

【製作】

(1) 生木瓜去皮、子，與小排骨切成半寸方塊備用。

(2) 小排骨入熱水燙 2 分鐘去血水後，洗淨置入圓盅中，加生木瓜、南北杏及清水至 8 分滿。

(3) 入籠蒸 1 小時後，加鹽再蒸 10 分鐘即可。

【功效與特點】健脾消食，抗疫殺蟲。

木瓜鮮魚湯

【原料】尼羅河紅魚 1 條，黑棗 5 個，木瓜半個，花生 100 克，薑 1 小塊。

【製作】

(1) 魚洗乾淨後，魚肚兩面都抹一點鹽。

(2) 木瓜削皮去籽，切成長條狀，薑切片，黑棗洗乾淨，及花生泡水備用。

(3) 起油鍋，將魚兩面煎至微黃色，然後加入其餘材料和適量清水，用中火燉煮 2 小時，即完成。

【功效與特點】通乳抗癌，營養豐富。

【宜忌】

木瓜中的番木瓜鹼，對人體有小毒，每次食量不宜過多。孕婦忌服，過敏體質者慎食。

檸檬

【簡介】為芸香科植物黎檬或洋檸檬的果實。又名黎檬子、宜母果、里木子、檸果等。檸檬果實橢圓形，果皮橙黃色，果實汁多肉脆，聞之芳香撲鼻，食之味酸微苦，一般不能像其他水果一樣生吃鮮食，而多用來製作飲料。檸檬二三月份成熟，味道極酸，故孕婦肝虛者嗜食，又有「宜母子」或「宜母果」的美譽。

【性味】性平，味酸；入肺、胃經。

【功效主治】

生津止渴，祛暑安胎，開胃消食。主治暑熱煩渴，胃熱嘔噦，或胎動不安等病症。

【食療作用】

(1) 殺菌，促進消化：檸檬含有菸鹼酸和豐富的有機酸，其味極酸。檸檬酸汁有很強的殺菌作用。實驗顯示，酸度極強的檸檬汁，在 15 分鐘內可把海生貝殼內所有的細菌殺死。檸檬還能促進胃中蛋白分解酶的分泌，增加胃腸蠕動。日常生活中可代醋使用，製作冷盤涼菜及醃食等。

(2) 抗炎：檸檬中所含的橙皮苷和柚皮苷具有抗炎作用。而檸檬果皮中的香葉木苷腹腔注射，對卡拉膠所致的大鼠足蹠水腫有消炎作用。

(3) 防治腎結石：檸檬汁中含有大量檸檬酸鹽，其中檸檬酸鉀鹽能夠抑制鈣鹽結晶，從而阻止腎結石形成，甚至已成的結石也可被溶解掉。所以食用檸檬能防治腎結石，使部分慢性腎結石患者的結石減少、變小。

(4) 防治心血管疾病：檸檬酸與鈣離子結合則成可溶性配位化合物，能緩解鈣離子促使血液凝固的作用，可預防和治療高血壓和心肌梗死。檸檬酸有收縮、增固毛細血管，降低通透性，提高凝血功能及血小板數量的作用，可縮短凝血時間和出血時間 31% ～ 71%，具有止血作用。

(5) 美容，安胎：鮮檸檬的維他命含量極為豐富，能防止和消除皮膚色素沉澱，具有美容作用。此外，檸檬生食還具有良好的安胎止嘔作用。

【附方】

(1) 治口乾消渴，妊娠食少，嘔噁：鮮檸檬 500 克去皮、核，切成塊後放在砂鍋中加白糖 250 克醃漬 1 天，待糖浸透，以文火熬至汁液耗乾，待冷拌入白糖少許，裝瓶備用。

(2) 治暑熱煩渴，或胃熱口渴：可用檸檬 150 克絞汁飲或與甘蔗同用。每日 2 ～ 3 次。

(3) 治咳痰，咳嗽：檸檬 100 克，桔梗 12 克，膨大海 10 枚，甘草 9 克。水煎服。每日 1 ～ 3 次。

【養生食譜】

糖漬檸檬

【原料】鮮檸檬 500 克，白糖 250 克。

【製作】將檸檬洗淨，去皮、核，切塊，放入砂鍋中加入白糖，浸漬一日至糖浸透，以小火煎至水分將乾時停火，待涼後再拌入白糖少許，裝瓶備用。嘔吐時取 1 ～ 2 湯匙服食。

【功效與特點】

此食具有消食生津，安胎止嘔的作用。可治療妊娠食少，噁心嘔吐及食慾不振，口乾口渴等病症。

檸檬即溶飲

【原料】鮮檸檬 500 克。

【製作】取鮮檸檬果肉切碎，以潔淨紗布絞取汁液；先以大火，後改以小火，慢慢熬煮成膏，裝瓶備用。每次 10 克，以沸水沖化，每日飲用 2 次。

【功效與特點】

此飲具有祛暑除煩，生津止嘔作用，可治療中暑嘔噁，口渴煩躁等病症。

檸檬飲

【原料】鮮檸檬 6 個。

【製作】將檸檬洗淨榨汁，加少量蜜糖，添水成 2200 毫升。每日代茶，一日喝完。

【功效與特點】

此飲具有調節內分泌的作用，可治療經期乳脹、月經過多等，對子宮內膜異位症、痛經也有輔助治療作用。

檸檬甜汁茶

【原料】新鮮檸檬 1000 克，綿白糖 500 克。

【製作】將檸檬洗淨，晾乾，連皮切片，每顆約切 8 ～ 10 片，然後將切片先放在大瓷盤中，用白糖拌勻，再放入大口瓶中，一片一片疊緊，裝妥後，上面再鋪上一層白糖，蓋緊，密封，醪製半月後即可食用。飯後泡茶飲服，每次 2 ～ 4 片（帶汁），放入杯中，開水沖泡，熱飲，亦可夏季作清涼冷飲。

【功效與特點】

此茶具有清熱止渴、健胃理氣、疏通血脈、化痰消食的功效。對心血管病，慢性肝炎和消化不良患者有輔助治療作用。並可淡化、消除黃褐斑及痤瘡癒後遺留的色斑。

檸檬蛋酒

【原料】檸檬（帶皮）半個，蛋黃 1 個，葡萄酒 150 毫升，蜜糖 1 湯匙。

【製作】將洗淨的檸檬與蛋黃同放入攪拌器中攪成汁，然後倒入杯中，再加葡萄酒和蜜糖拌勻供飲。

【功效與特點】

此酒有「愛的雞尾酒」之美稱，具有延緩衰老、美容悅色的作用，尤適於女性。睡前飲用可滋潤肌膚、美容美髮、消除疲勞。

檸檬雞

【原料】雞胸肉 500 克，雞蛋、柚、檸檬各 1 個，洋蔥半個，西芹少許，蜂蜜半杯，山楂餅 10 片，各種調味料適量。

【製作】將雞肉切成大薄片，放入胡椒、蛋清及鹽拌均勻。將半個檸檬切成碎料，另外半個和柚同榨汁，放入蜂蜜、砂糖和搗碎的山楂餅。將雞肉放麵粉和澱粉拌好，用大油鍋炸成金黃色撈出。將檸檬汁放在鍋中煮沸，並加入澱粉勾芡淋在雞肉上，撒上檸檬粒，放西芹點綴。佐膳菜餚，每週 2 ～ 3 次。

【功效與特點】

補肝益腎，健腦明目。適用於肝腎虛弱引起的頭昏眼花，記憶力減退者。

檸檬汁煎鴨脯

【原料】鴨脯 240 克，檸檬汁 90 克，去殼雞蛋 45 克，罐頭鳳梨 150 克，麻油 6 克，料酒 10 克，乾澱粉 40 克，花生油 50 克。

【製作】將鴨脯洗淨，瀝乾水分。用雞蛋液與乾澱粉將鴨脯拌勻。用旺火燒熱鐵鍋，下油鍋後，把油倒入油罐並將鍋端離火口，放鴨脯進行半煎炸，然後把鍋端回爐上，烹料酒，加入檸檬汁拌炒，淋麻油和花生油 15 克，炒勻上盤。把罐頭打開，用鳳梨塊鑲邊，即可上桌食用。

【功效與特點】補陰生津，開胃除煩。適用於精虧血虛、體弱之人。

【宜忌】胃酸過多及痰多氣弱者不宜多食；潰瘍病患者忌食。

蘋果

【簡介】為薔薇科植物蘋果的果實。又名柰、蘋婆、平波、超凡子等。蘋果表面光潔，色澤鮮豔，清香宜人，味甘甜，略帶酸味。種類很多，有紅香蕉蘋果、紅富士蘋果、黃香蕉蘋果等。蘋果是世界上栽種最多，產量最高的水果之一，既是營養豐富的大眾化水果，也是治療多種疾病的良藥。

【性味】性平，味甘酸；入脾、肺經。

【功效主治】

生津止渴，補脾止瀉，補腦潤肺，解暑除煩，醒酒。主治津傷口渴、脾虛中氣不足、精神疲倦、記憶力減退、不思飲食、脘悶納呆、暑熱心煩、咳嗽、盜汗等病症。

【食療作用】

(1) 止瀉，通便：蘋果中含有鞣酸以及有機酸、果膠和纖維等，其中鞣酸和有機酸有收斂作用；果膠、纖維有吸收細菌和毒素的作用，能夠止瀉。另一方面，蘋果中的粗纖維能使大便鬆軟，排泄便利，同時有機酸也有刺激腸壁增加蠕動的作用，故又能夠通便。所以蘋果具有止瀉、通便的雙重作用，既對輕度腹瀉有良好的止瀉效果（痢疾等症則無效），又可以治療大便祕結。

(2) 降低血壓，消除疲勞：蘋果中所含有的鉀，能與體內過剩的鈉結合，使之排出體外，因此對於食入鹽分過多的人們，多吃蘋果可以將其清除，以軟化血管壁，使血壓下降。另外，由於蘋果能夠影響體內的鉀、鈉代謝，因此具有預防和消除疲勞的作用。

(3) 益智，增強記憶力：研究發現，蘋果不但含有維他命、礦物質、脂肪、糖類等大腦發育所必須的營養成分，而且還含有增強兒童記憶力的鋅（試驗證明，體內攝入鋅不足，對兒童記憶力和學習能力有嚴重影響）。因此，兒童多吃蘋果，對大腦發育及增強記憶力，提高智慧非常有益。同時，蘋果中的胡蘿蔔素，被人體吸收後可轉化成維他命 A，能促進人體的生長發育。

(4) 促進消化吸收：蘋果能健脾胃，補中焦之氣，促進消化和吸收。現代醫學也證明，蘋果能中和過剩的胃酸，促進膽汁分泌，增加膽汁酸功能，對於脾胃虛弱、消化不良等病症有良好的治療作用。

(5) 降低血脂，預防心血管疾病：現代醫學研究發現，蘋果中的維他命 C 能加強膽固醇的轉化，降低血液中膽固醇和三酸甘油酯的含量，老年人常食，有防治高血壓、動脈硬化及冠心病的作用，還能避免膽固醇沉積在膽汁中形成結石。

(6) 防癌抗癌：蘋果中所含的選擇素是一種分裂原，它可刺激淋巴細胞分裂，增加淋巴細胞數量，也可誘生干擾素，對防癌抗癌具有重要的意義。

【附方】

(1) 治療腹瀉：蘋果 200 克，山楂粉 15 克。將蘋果洗淨後，去皮和核，搗成泥狀，用山楂粉調勻後，分 2 次食用。

(2) 治療妊娠嘔吐反應：蘋果，生薑，甘蔗。將上述用料分別榨汁，混勻後飲用。

(3) 治療高血壓：蘋果。將蘋果洗淨後切成小塊，放入榨汁機內榨成汁，飲用，每日 3 次，每次 100 克。

(4) 治療幼兒消化不良：蘋果 1 個。將蘋果洗淨後去皮，切成片放入碗中加蓋，隔水蒸熟後搗成泥給幼兒食用。

(5) 治療黃疸：蘋果 1 個，蜂蜜適量。將蘋果洗淨後去皮，搗爛成泥狀，加入蜂蜜後食用。注意只吃這種蘋果蜂蜜，一天吃 5 次。

(6) 治療痢疾：蘋果皮 20 克，陳皮 10 克，生薑 6 克。水煎服，每日 2 次。

(7) 治療慢性肝硬化腹水：蘋果皮、梨皮各 15 克，鮮藕 100 克。水煎，飲汁，每日 2 次。

(8) 治喘息性支氣管炎：大蘋果 1 個，巴豆 1 粒。蘋果挖空，巴豆去皮放入蘋果中，蒸 30 分鐘左右離火，冷後取出巴豆，吃蘋果飲汁。輕症患者，每日睡前吃 1 個，重症患者每日早、晚各吃 1 個。

【養生食譜】

蘋果泥(汁)

【原料】蘋果 1000 克（成熟質好者）。

【製作】將蘋果洗淨，去皮、核，搗爛成泥。一日 4 次，每次食 100 克。若為 1 歲內嬰兒，則將蘋果絞取汁，每次服半湯匙。

【功效與特點】

此食品具有止瀉的功效，適用於治療嬰幼兒的輕度腹瀉。

蘋果乾粉

【原料】蘋果 1000 克。

【製作】取蘋果連皮洗淨，切塊烘乾，研細成粉。空腹時用溫開水調服，每次 15 克，每日 2 ～ 3 次。

【功效與特點】

此粉具有厚腸止瀉的功效，可用治慢性腹瀉及神經性結腸炎，療效甚佳。

甘筍蘋果汁

【原料】甘筍 150 克，蘋果 300 克，芫荽少量。

【製作】洗淨甘筍、蘋果，連皮放入榨汁機中榨取其汁，倒入杯中，再撒入少量芫荽即可飲用。每日 2 ～ 3 杯，連飲 7 天。

【功效與特點】

該汁具有增智益腦，通利大便的作用。可治療便祕，促進兒童發育，增強記憶。

蘋果芫菁汁

【原料】蘋果 300 克，芫菁葉 2000 克。芫菁根 100 克，胡蘿蔔 300～400 克，橘子 100 克，蜂蜜適量。

【製作】將蘋果等一同洗淨，切細，放入榨汁機內，酌加冷開水製汁，取汁後用細紗布過濾，再加蜂蜜飲用。此汁具有消腫止痛，潤腸通便的功效。

【功效與特點】適用於痔瘡腫痛、大便祕結不通等病症。

蘋果芹菜汁

【原料】蘋果 400 克，芹菜 300 克，胡椒適量。

【製作】將蘋果洗淨，分別切成條、塊狀，放入榨汁機中，加適量水，榨汁過濾後，加鹽、胡椒調味。

【功效與特點】

常飲此汁具有降低血壓，軟化血管壁的作用。適用於高血壓、糖尿病及動脈硬化病人飲服。

桂花燉蘋果

【原料】蘋果 2 個。蜂蜜 3 大匙，桂花醬 1/8 茶匙。

【製作】

(1) 蘋果去皮及中間硬梗部分，切塊備用。

(2) 將所有材料放入砂鍋，加水淹過材料，以小火燜煮 30 分鐘即可。

糖蘋果

【原料】蘋果 250 克，雞蛋 2 個，白糖 100 克，麵粉 40 克，沙拉油 300 克（約耗 50 克）。

【製作】

(1) 將雞蛋清放入碗中，加上麵粉和水調成糊；蘋果洗淨，削皮，去核，切成薄片。

(2) 鍋架火上，放油燒至六成熱，放入掛糊的蘋果片炸熟，撈出，裝盤時，整齊堆放一層蘋果，撒一層白糖，直至堆完蘋果片，將剩餘的白糖全部撒完即成。

【功效與特點】

外脆裡嫩，甜香宜人。本甜品性平、味甘、微酸，其中含的纖維素有利通便，含的果膠能吸附細菌毒素，有止瀉的功效。由於含有大量維他命C，可阻止癌細胞的生長。但胃、脾虛者不宜多食。

【宜忌】多食令人腹脹，脘腹痞滿患者尤須注意。

葡萄

【簡介】為葡萄科植物葡萄的成熟果實。又名草龍珠、蒲陶、山葫蘆。原產亞洲西部，果可生食，製葡萄乾和釀酒。藤及根供藥用。果肉以栽培品為佳，藥用多以野葡萄的藤及根為好。

【性味】性平，味甘酸；入肺、脾、腎經。

【功效主治】

補氣益血，滋陰生津，強筋健骨，通利小便。主治氣血虛弱、肺虛久咳、肝腎陰虛、心悸盜汗、腰腿酸痛、筋骨無力、風溼痺痛、面肢浮腫、小便不利等病症。

【食療作用】

(1) 抗病毒，殺細菌：葡萄中含有天然的聚合苯酚，能與病毒或細菌中的蛋白質化合，使之失去傳染疾病的能力，尤其對肝炎、脊髓灰質炎等病毒有很好的殺滅作用。

(2) 防癌抗癌：葡萄中含有一種叫白藜蘆醇的化合物質，可以防止正常細胞癌變，並能抑制已惡變細胞擴散，有較強的防癌抗癌功能。

(3) 抗貧血：葡萄中含具有抗惡性貧血作用的維他命 B12，尤其是帶皮的葡萄發酵製成的紅葡萄酒，每升中約含維他命 B12 12～15 毫克。因此，常飲紅葡萄酒，有益於治療惡性貧血。

(4) 降低胃酸，利膽：現代藥理研究證明，葡萄中還含有維他命 P，用葡萄種子油 15 克口服，即可降低胃酸毒性，12 克口服即可達到利膽的作用，因而可治療胃炎、腸炎及嘔吐等。

(5) 抗動脈粥樣硬化：研究發現，葡萄酒在增加血漿中高密度脂蛋白的同時，還能減少低密度脂蛋白含量。低密度脂蛋白可引起動脈粥樣硬化，而高密度脂蛋白不僅不引起動脈粥樣硬化，還有抗動脈粥樣硬化的作用。因此常食葡萄（葡萄酒），可減少因冠心病引起的死亡。同時，葡萄中鉀元素含量較高，能幫助人體累積鈣質，促進腎臟功能，調節心搏次數。

(6) 補益和興奮大腦神經葡萄果實中，葡萄糖、有機酸、胺基酸、維他命的含量都很豐富，可補益和興奮大腦神經，對治療神經衰弱和消除過度疲勞有一定效果。

(7) 利尿消腫，安胎據李時珍記載，葡萄的根、藤、葉等有很好的利尿、消腫、安胎作用，可治療妊娠惡阻、嘔吵、浮腫等病症。

【附方】

(1) 懷孕嘔吐或妊娠浮腫，小便不利：野葡萄根 30 克，水煎服。

(2) 肝炎，黃疸，風溼痛：鮮葡萄根 30 ～ 90 克，水煎服。

(3) 貧血，頭暈心慌：葡萄酒適量飲服，一日 2 ～ 3 次。

(4) 風寒溼痺，筋骨疼痛，癱瘓麻木：葡萄根、藤、嫩桑枝、蠶砂各 30 克，加黃酒與水等量煎，一日 2 ～ 3 次服用。

(5) 跌打損傷，疼痛，風毒流痰（包括寒性膿瘍，骨結核等）：葡萄根或藤 60 ～ 90 克，加酒、水煎服，並以鮮根皮搗爛敷於患處。

【養生食譜】

酒釀葡萄羹

【原料】葡萄、酒釀、白糖各 500 克，櫻桃、桂花、芝麻各少許，溼澱粉適量，酒釀 100 毫升。

【製作】將葡萄洗淨，順長切開，剔子去皮，與白糖、桂花、芝麻一起放入碗中，灑少許清水，搓勻，在案板上拍實，切成小方丁，為元宵餡，風乾待用；鍋放火上加清水煮沸，加入白糖，用勺攪勻，待燒開後撇去浮沫，放入葡萄，用溼澱粉勾成流芡，再加入酒釀稍煮；另取鍋放火上，放適量清水煮沸，下元宵煮熟，然後撈出元宵，放入盛有流芡的鍋內，撒上櫻桃，待元宵、葡萄、櫻桃均浮在面上時，出鍋裝入湯碗即成。

【功效與特點】

此羹具有補益肺脾，養血安胎的功效，適用於脾虛久瀉，飲食減少，脾虛自汗，妊娠胎動不安等病症。無病者食之能強身健體。

鮮葡萄汁

【原料】新鮮葡萄 100 克，白糖適量。

【製作】將葡萄洗淨去梗，用清潔紗布包紮後擠汁；取汁，加白糖調勻即成。一日分 3 次服完。

【功效與特點】

此汁具有和中健胃，增進食慾的功效。適用於嬰兒食慾不振，厭食諸症。常飲此汁，能延年減肥。

葡萄藕地蜜汁

【原料】鮮葡萄、鮮藕、鮮生地各適量，白沙蜜 500 毫升。

【製作】「三鮮」分別搗爛取汁，各取汁 1000 毫升，加入白沙蜜調勻即成。每日服 200 毫升，一日服 3 次。

【功效與特點】

該汁具有利尿消腫通淋的作用，可治療淋症、尤宜於熱淋伴尿路澀痛者飲用。

拔絲葡萄

【原料】葡萄 250 克，雞蛋 3 顆，乾澱粉、麵粉、白糖各適量，花生油 500 毫升。

【製作】葡萄洗淨，放入開水略燙後取出，剝皮剔子，蘸上麵粉；把蛋清打入碗內，攪打成蛋白糊，再加入乾澱粉拌勻；鍋放火上，倒入花生油燒至五成熱，改用小火維持油溫，將葡萄掛蛋白糊後，放入油鍋慢炸，至淺黃色時倒入漏勺瀝油；取淨鍋放火上，放入適量清水，加入白糖，炒至糖變色能拉出絲時，倒入炸好的葡萄，掛勻糖漿，起鍋裝入抹上一層芝麻油的盤內，配涼開水食。

【功效與特點】

此方具有補氣血、強筋骨之功效。適用於氣血虛弱、神疲心悸、風溼痺痛、腰膝無力、神經衰弱等患者食用。無病者食之則有滋補強壯身體之功。

龍眼葡萄乾湯

【原料】葡萄乾、龍眼肉各 50 克，紅糖適量。

【製作】將葡萄乾、龍眼肉洗淨，加適量水於鍋中，全部原料放入同煮半小時即可。

每日 1 次，飲湯食料。

【功效與特點】補益氣血，延年益壽。適用於氣血虛少，體質衰弱者。

【宜忌】葡萄含糖量高，便祕者不宜多食；外感有表症者慎食。

桑葚

【簡介】桑葚，為桑科落葉喬木桑樹的成熟果實，桑葚又叫桑果，桑粒、桑棗。農人喜歡摘其成熟的鮮果食用，味甜汁多，是人們常食的水果之一。成熟的桑葚質油潤，酸甜適口，以個大、肉厚、色紫紅、糖分足者為佳。每年 4 ～ 6 月果實成熟時採收，洗淨，去雜質，晒乾或略蒸後晒乾食用。

【性味】性微寒，味甘酸，入心、肝、腎經。

【功效主治】

補肝，益腎，滋陰，養血，明目，潤腸，烏鬚髮，解酒毒。

【營養成分】

桑葚果含葡萄糖、蔗糖，琥珀酸、蘋果酸、檸檬酸、酒石酸和維他命 A、維他命 B1、維他命 B2、維他命 C 及菸鹼酸、胡蘿蔔素等。桑葚油的脂肪酸主要由亞油酸和少量的硬脂酸、油酸等組成。

【食療作用】

(1) 桑葚是滋補強壯、養心益智佳果。具有補血滋陰，生津止渴，潤腸燥等功效，主治陰血不足引起的頭暈目眩，耳鳴心悸，煩躁失眠，腰膝酸軟，鬚髮早白，消渴口乾，大便乾結等症。

(2) 桑葚入胃能補充胃液的缺乏，促進胃液的消化，入腸能刺激胃黏膜，促進腸液分泌，增進胃腸蠕動，因而有補益強壯之功。

【附方】

(1) 治貧血：鮮桑葚子 60 克，桂圓肉 30 克。燉爛食，每日 2 次。

(2) 治產後體弱，頭暈乏力：桑葚膏，每次 10 ～ 15 克，每日 2 ～ 3 次。

(3) 治閉經：桑葚子 15 克，紅花 30 克，雞血藤 30 克。加黃酒和水煎，每日分 2 次服。

(4) 治自汗，盜汗：桑葚子 10 克，五味子 10 克。水煎服，每日 2 次。

(5) 治鬚髮早白，眼目昏花，遺精：桑葚子 30 克，枸杞子 18 克。水煎服，每日 1 次。或桑葚子 30 克，首烏 30 克。水煎服，每日 1 次。

(6) 治肺結核，陰虛潮熱，乾咳少痰：鮮桑葚子 60 克，地骨皮 15 克，冰糖 15 克。水煎服，每日早、晚各 1 次。

(7) 治淋巴結核：鮮桑葚子 30 克。水煎服，每日 3 次。

(8) 治神經衰弱，失眠健忘：桑葚子 30 克，酸棗仁 15 克。水煎服。每晚 1 次。

(9) 治血虛腹痛，神經痛：鮮桑葚子 60 克。水煎服，或桑葚膏，每日 10～15 克，用溫開水和少量黃酒沖服。

(10) 治便祕：桑葚子 30 克，蜜糖 30 克。水煎服，每日 1 次。

【養生食譜】

桑葚蒸蛋

【原料】桑葚子膏 25 克，雞蛋 2 顆，核桃肉茸 30 克，味精 1 克，熟豬油 15 克，醬油 2 克。

【製作】將雞蛋打入碗內，加入桑葚子膏、核桃肉茸、味精，用竹筷打散成蛋漿汁，放入蒸籠內，旺火開水蒸約 10 分鐘取出，加入熟豬油、醬油即成。每日 1 次，常食之。

【功效與特點】滋陰補血，生津潤腸。適用於血虛腸燥便祕者。

桑葚藕粉蜜

【原料】新鮮熟桑葚 150 克，藕粉和蜂蜜各 30 克，開水適量。

【製作】先將藕粉用少許涼開水溶開，然後再沖入沸水並攪成稀糊狀備用；新鮮熟桑葚（未熟透者不可用）去蒂洗淨後至盆中壓碎爛，用紗布過濾棄渣取汁，入砂鍋用文火熬至稍稠狀時加入藕粉糊和蜂蜜，反覆攪拌，直至呈濃稠狀起鍋，冷卻後儲於瓶內即可。每日早、晚各 1 次，每次 10 克，溫開水沖服。

【功效與特點】補腎養血，抗衰防老。適用於血虛所致體弱衰老者。

桑葚雞蛋里肌肉

【原料】豬里肌肉300克，雞蛋2個，山萸肉、女貞子、黑芝麻、桑葚、旱蓮草、薑各15克，溼澱粉80克，熟豬油40克，白糖50克，蒜、醋、蔥花各25克，草決明、澤瀉、醬油各10克，精鹽、香油各1克，菜油700克（耗100克）。

【製作】將豬里肌肉用刀拍鬆切條。薑、蔥、蒜洗淨，切成粒。鹽、醬油、中藥末（將山萸肉、女貞子、桑葚、旱蓮草、草決明、澤瀉洗淨，烘乾研製為細末）與肉條調拌均勻，再拌溼澱粉。另將醬油、白糖、蔥、鮮湯、溼澱粉對成芡汁。炒鍋置旺火上，下菜油燒至七成熟，分散投入肉條炸成金黃色，表面發脆時撈起，瀝去炸油。另放熟豬油、薑、蔥末炒香，烹入芡汁攪拌均勻，加里肌肉醋拌勻，淋上香油入盤即可食用。佐餐食用。

【功效與特點】

滋補肝腎，益血明目。適用於肝腎陰虛引起的頭暈、眼花、視力弱、耳鳴、鬢髮早白、腰膝酸軟等症。

【宜忌】

小兒大量食桑葚能引起中毒，表現為嘔吐、噁心、腹瀉、腹痛、煩躁、神志恍惚，甚者昏迷，血壓下降，或致死亡。現代研究顯示，這是由於桑葚中含有胰蛋白酶抑制物，能使胰蛋白酶的活性降低，從而影響蛋白質的消化和吸收，呈現出一系列消化道中毒症狀。此外，未成熟的青桑葚不宜食，是因為桑葚中的多量鞣酸能阻礙鐵和鈣的吸收，特別是沒有成熟的青桑葚更是如此，故不可食。

花紅

【簡介】為薔薇科植物林檎的果實。又名文林果、花紅果、林檎、五色來、聯珠果等。花紅果實外形美觀，色澤豔麗，酸甜適口，脆而爽，沙而軟，營養豐富，果味芳香，經濟實惠，老少皆宜；有治療高血壓，冠心病，咳嗽氣喘，開胃健脾，清熱利尿之功效。果心含糖量高，呈透明狀，含可溶性固形物14.5%，略有香味，果實8月中旬成熟，在20℃～30℃的溫度下，放置一週後變沙軟，較耐儲藏。若採用儲藏保鮮技術，可儲藏3～4個月。

【性味】性平，味酸甘；入心、肝、肺經。

【功效主治】

止渴生津，消食化滯，澀精。主治津傷口渴、消渴、瀉痢、遺精等病症。

【食療作用】

(1) 生津止渴：花紅中的有機酸、維他命含量非常豐富，食之有生津止渴，消食除煩和化積滯的作用。

(2) 澀精止痢：花紅味酸澀而收斂，具有良好的澀精、止瀉痢的作用，是泄瀉下痢、遺精滑泄者的食療良品。

(3) 驅蟲：花紅根水煎服具有驅蟲、殺蟲的作用，可治寸白蟲、蛔蟲等所致疾病。

(4) 明目：花紅的葉鮮用或晒乾用，皆具有瀉火明目、殺蟲解毒的作用。可治療眼目青盲、翳膜遮眼及小兒疥瘡。

【養生食譜】

花紅湯

【原料】花紅（半熟者）10 個。

【製作】將花紅洗淨後切片，放入鍋中，加水 1000 毫升，煮取 500 毫升。每次服 1 碗，1 日 2 次，連果帶湯，空腹時服下。

【功效與特點】

此湯具有和胃化滯，止瀉痢的功效。適用於腸炎或痢疾引起的腹痛、腹瀉。

花紅汁

【原料】花紅 3 個。

【製作】將花紅洗淨後，去核搗爛，絞取其汁。每日 2 次，每次 10 毫升。

【功效與特點】

此汁具有化積滯，止瀉痢的功效。適用於小兒瀉痢之病症。

花紅芡實湯

【原料】新鮮花紅 50 克，芡實 30 克。

【製作】將花紅洗淨切開，加入芡實，再加水 3 碗，共煎煮成湯 1 碗，分 2 次 1 日服完。

【功效與特點】

此湯具有澀精止遺的功效，適用於男子遺精滑泄之病症。

醋和花紅

【原料】花紅 5 個，白醋 50 克。

【製作】將花紅洗淨切開晾晒，烤乾後研為細末，加入白醋調勻即成。每次服 1 匙，1 日 2 次。

【功效與特點】

此方具有行氣止痛，化痰散結的功效，適用於小兒淋巴結核及羸瘦等病症。

【宜忌】花紅澀斂，不宜多食；脾弱氣虛者不宜食。

沙棘

【簡介】為胡頹子科植物沙棘的果實。又名醋柳果、沙棗、酸刺果等。沙棘果實酸甜，可鮮食，亦可製果子露、果醬、果羹、果凍等。在民間沙棘果歷來有「減肥果」與「長壽果」的美稱。沙棘果中除含有豐富的蛋白質、脂肪和碳水化合物外，還含有人體必需的多種維他命和礦物質。SOD 的含量超過了人參。這些生化物質不但是人體所必需的，奇妙的是其配合比例和人體的需求非常協調。因此，沙棘果被認為是 21 世紀最有發展前途的營養食品和藥用植物。

【性味】性溫，味酸澀；入肝、胃、大小腸經。

【功效主治】

活血散瘀，化痰寬胸，生津止渴，補益胃，清熱止瀉。主治跌打損傷、肺膿腫、咳嗽痰多、呼吸困難、消化不良、高熱傷陰、腸炎痢疾、胃痛、閉經等病症。

【食療作用】

(1) 活血散瘀：沙棘總黃酮可增加心肌營養性血流量，改善心肌微循環。降低心肌氧耗，對心絞痛患者有效率達 90%，較好的改善心肌供血狀態，增進心功能。同時，沙棘汁能降低血清三醯甘油和膽固醇以及肝組織中三醯甘油含量，顯著抑制血栓形成。

(2) 補充營養：沙棘汁含有人體所需的多種營養成分。沙棘總黃酮，可提高血清補體平均值，增強巨噬細胞的功能，故既可補充營養，又能提高機體的免疫力。

(3) 防癌抗癌：沙棘中含異鼠李素、多種沙棘苷、油酸、亞麻酸、谷甾醇等，能有效阻斷 N- 亞硝基嗎琳的合成，比同濃度抗壞血酸要強。

(4) 保護肝臟：沙棘籽油能降低肝臟丙二醛含量、血清丙胺酸轉胺酶和天門冬胺酸轉胺酶活性，起到保護肝臟的作用。

(5) 生津止渴：沙棘汁中含有大量的維他命C、胡蘿蔔素、檸檬酸、蘋果酸等，能刺激腮腺及舌下腺分泌，起到生津止渴的作用。

(6) 健脾止瀉：沙棘汁含有大量的維他命C，多種脂肪酸，既能提高胃液的酸度，又能幫助脂肪消化，故有健脾止瀉之功。

【養生食譜】

沙棘汁

【原料】新鮮沙棘100克，白糖20克。

【製作】將沙棘洗淨，以杵搗爛如泥，並用乾淨消毒紗布絞取果汁，在果汁中加入白糖、適量溫開水，攪勻飲用。

【功效與特點】

本汁具有生津止渴、利咽化痰的功效，可用以治療咽喉乾燥、疼痛等病症。

沙棘膏

【原料】新鮮沙棘50克。

【製作】將沙棘洗淨，以杵搗爛如泥，加清水500毫升，先以大火煮沸，後改文火續煎30分鐘，濾去果渣，將果汁重新放回瓦罐中，以小火慢慢濃縮為膏。

【功效與特點】

此膏具有健脾益胃、止血通經的功效。可用以治療胃痛、消化不良、胃潰瘍、皮下出血、月經不調、閉經等病症。

沙棘末

【原料】沙棘乾、白葡萄乾、甘草各10克。

【製作】以上三物做成粉末，儲罐中，日服兩次，每次3克。

【功效與特點】本果末具有清肺止咳化痰之功，適用於咳嗽痰多之症。

【宜忌】本品性溫，素體溼熱甚者忌食。

山楂

【簡介】為薔薇科植物山楂或野山楂的果實。又名鼠查、紅果、山裡紅、胭脂果、大山楂。色澤豔麗，酸甜適口，風味獨特，歷來是人們喜食的佳果。唐代詩人柳宗元曾有「饋酸楂」的詩句，可見山楂在很久以前便是人們饋贈的美味食品了。山楂除鮮食外，還可加工成山楂糕、山楂片、山楂飴、山楂汁、山楂酒、山楂罐頭、山楂蜜餞等製品。此外，山楂還具有健胃消食、降壓降脂之功效，是保健食療的佳品。

【性味】性平，味甘酸；入脾、胃、肝經。

【功效主治】

消食積，散瘀血，驅絛蟲。主治肉積、癥瘕、痰飲、痞滿、吞酸、瀉痢、腸風、腰痛、疝氣、產後兒枕痛、惡露不盡、小兒飲食停滯、產後瘀滯腹痛等病症。

【食療作用】

(1) 強心，增加心輸出量：山楂中的山楂黃酮有一定的強心作用，可增加心輸出量與冠狀動脈流量，減慢心律，使心臟收縮加強，對疲勞心臟搏動有恢復作用。

(2) 降血壓，降血脂：山楂黃酮類、該類能擴張外周血管，具有緩慢而持久的降壓作用。實驗顯示，山楂可使超氧化物歧化酶（KD）活性顯著提高，單胺氧化酶（MAO）活性明顯降低，同時脂質過氧化（LPO）和脂褐素亦顯著降低，並可消除冠狀動脈的脂質沉積、彈性纖維斷裂、缺損、潰瘍及血栓形成等。現代用山楂降血脂，治療肥胖病已取得了明顯療效。

(3) 殺菌抗炎：山楂對痢疾桿菌有較強的抗菌作用；對綠膿桿菌、金黃色葡萄球菌、大腸桿菌、變形桿菌、炭疽桿菌、白喉桿菌、傷寒桿菌等均有明顯的抑制作用。

(4) 促進消化：山楂歷來用於健脾胃，消食積，尤長於治油膩肉積所致的消化不良、腹瀉、腹脹等。近代研究證明，食山楂後能增加胃中酶類物質，促進消化；其所含脂肪酶亦能促進脂肪食物的消化。

(5) 防癌抗癌：山楂所含的黃酮類藥物成分中，有一種牡荊素化合物，能阻斷亞硝酸的合成，對致癌劑黃麴毒素 B1 的致突變作用有顯著抑制效果。常食山楂，對防治癌症大有益處。

(6) 祛痰平喘：山楂中的含皮苷具有擴張氣管，促進氣管纖毛運動，排痰平喘的作用，常用以治療氣管炎，有一定效果。

【附方】

(1) 治消化不良：用生山楂 10 克，炒麥芽 10 克（兒童酌減），水煎服。或焦山楂 9 克，研末加適量紅糖，開水沖服，每日 3 次。或用山楂 16 克，橘皮 9 克，生薑 3 片。水煎分 2 次服用。或山楂 125 克，水煎後食山楂飲湯。每日 2 ～ 3 次。

(2) 治腹瀉：用焦山楂研末，加適量白糖沖水服，每次 9 克，每日 3 次。

(3) 治細菌性痢疾：用炒山楂 10 克，野麻草 15 克。水煎服，每日 3 次。

(4) 治痢疾和細菌性食物中毒：可用山楂 60 克，茶葉 10 克，生薑 3 片。水煎沖糖服用，每日 1 劑，分 3 ～ 5 次服完或山楂 125 克，紅糖、白糖各 60 克。先將山楂炒成黑色，然後加糖水煎，每日 1 劑，分 2 次煎服，連服 2 天。

(5) 治產後腹痛：取山楂 30 克，香附 15 克。濃煎頓服。每日 2 次。

(6) 治閉經：用山楂、雞內金各 9 克，研細末，早晚各服 9 克，連服數日。或山楂 60 克，雞內金、紅花各 9 克，紅糖 30 克。每日 1 劑，2 次煎服。或山楂肉 30 克（去核）煎濃汁，再調入紅糖 30 克，略沸溶化，分早、晚空腹服用。服後 3 ～ 5 天內即可通經。

(7) 治病毒性肝炎：用山楂粉，每次 3 ～ 4 克，每日 3 次吞服。10 天為一療程。配合服複合維他命有較好的輔助療效。

(8) 治冠心病，心絞痛，心跳過速：用野山楂 12 克，加水煎服，每日 1 劑，連服數日。

(9) 治高血脂症：用山楂 10 克，杭菊花 10 克，決明子 15 克，稍煎後代茶飲，每日 1 劑。同時服用維他命 C 片劑，每日 3 次，每次 0.2 克，連服 3 個月。

(10) 治早期高血壓：鮮山楂 10 個搗碎，加冰糖適量，水煎服。或山楂適量，水煎代茶飲。也可每日吃鮮山楂 10 個。

(11) 治聲帶息肉：用焦山楂，每日 25 克～30 克，水煎 2 次，取汁 1500 毫升，涼後分 2 次徐徐服完。服藥期間切忌大聲喊喝，盡量使聲帶休息，連服 2 週可癒。

(12) 治小兒痘隱疹不出：山楂為末，每次服 4 ～ 6 克，每日 2 ～ 3 次，連服數日。

(13) 治凍瘡：將山楂烤熟，搗爛塗患處，用紗布包紮膠布固定，每日換藥 1 次。

(14) 治風溼性關節炎，水腫：用山楂樹根 40 ～ 60 克，水煎湯服。

(15) 治絛蟲病：用鮮山楂 100 克（乾果 250 克），洗淨去核，於下午 3 時開始當水果吃，晚 10 時吃完，不吃晚飯，次晨用檳榔 60 克，加水煎至一小杯，1 次服完。臥床休息，欲排便時盡量堅持一段時間，即可排出絛蟲。

(16) 治高血壓，高血脂：山楂 100 克，瘦豬肉 1000 克，菜油 250 克。將山楂 50 克放入鍋中，加水約 2000 毫升，煮沸後放入豬瘦肉，煮至六成熟，撈出豬肉稍晾，切成長 7 ～ 8 公分，寬 2 ～ 3 公分的粗條。用豆油、薑、蔥、黃酒、花椒等調味料，將肉條拌勻，醃製 1 小時，瀝去水分。將油放在鐵鍋內，用文火燒熟，投入肉條榨乾水分，至色微黃，即用漏勺撈起。將鍋內油倒出後，再置火上，投入餘下的山楂略炸後，再將肉乾倒入鍋中，反覆翻炒，微火焙乾，即可起鍋置於盤中，淋入香油，撒上味精，白糖，拌勻即成。每日 3 次。

(17) 治風熱感冒，發熱頭痛：山楂 10 克，銀花 30 克，蜂蜜 250 克。將山楂、銀花放入砂鍋中，加水適量，置大火上煮沸，3 分鐘後將藥液倒入碗中，再煎一次，將兩次藥液合起後，放入蜂蜜，攪拌均勻即成，每日 3 次。

(18) 治婦女痛經，勞損身痛：乾山楂片 200 克左右洗淨，去核放入 500 毫升的酒瓶中，加入白酒 300 毫升，密封瓶口，每日搖動 1 次，1 週後便可飲用（飲後可再加白酒浸泡）。每次 10 ～ 20 毫升，每日 2 次。最後所剩山楂可拌白糖食用。

(19) 治食慾不振：生山楂 500 克洗淨、切碎，放鍋中加適量水煎煮。每 20 分鐘取煎液 1 次，共取 3 次。然後將煎液混合，繼續以文火熬濃縮至較黏稠時，加白砂糖 500 克調勻，待砂糖溶化成透明狀時停火，趁熱倒在撒有一層白砂糖的大琺瑯盤中，冷卻後在上面再撒一層白砂糖，將其分割成條，即 150 塊左右即可。每次食用 5 ～ 8 塊，每日 2 ～ 3 次。

(20) 治瀉痢：生山楂 500 克洗淨，去果柄、果核，放鍋中，加適量水。煎煮至七成熟，水將乾時加入蜂蜜 250 克，再以文火煎煮熟透，收汁即可。待冷入罐、瓶中儲存備用。每次 30 克，每日 3 次。

【養生食譜】

蜜三果

【原料】山楂、白糖各 250 克，白果、栗子各 100 克，蜂蜜、芝麻油各少許，桂花醬、鹼粉各適量。

【製作】山楂洗淨，放入清水中浸泡約 10 分鐘撈出，然後放入清水鍋中煮至半熟，撈出，去皮核，並用清水洗淨；把栗子洗淨，用刀在栗子頂部開十字形刀口，放入沸水鍋中略煮後取出，放涼後剝去外殼；將白果輕拍，取出白果肉，放入盤內，倒入適量開水，加入鹼粉、去軟皮洗淨，再放入開水鍋中，用小火煮幾分鐘後撈出，瀝去水分；把白果、栗子放入盤內，倒入適量清水，上籠蒸至熟透，取出，晾去水分；將鍋放火上，投入芝麻油、白糖，用鏟子炒至淺紅色，加適量清水，倒進山楂、栗子、白果、蜂蜜、白糖，用旺火煮沸後，改用小火慢熬，待湯汁變稠時加入桂花醬，淋上芝麻油，起鍋即成。

【功效與特點】

此方具有健脾消食，補肺益腎的功效。適用於肉食積滯，泄瀉下痢，腎虛腰痛，肺虛咳喘。無病者食之可強身。

山楂糕

【原料】生山楂 1000 克，萊菔子 30 克，神曲 20 克，瓊脂、白糖各適量。

【製作】將山楂洗淨，加水煮山楂、萊菔子、神曲，待山楂煮爛後研碎，再煮 15 分鐘，用紗布過濾取汁，在汁液中加入瓊脂和白糖煎煮，待黏稠後晾涼，凝結成山楂糕塊，切塊吃。

【功效與特點】健脾和胃、順氣消食。治療消化不良、小兒厭食等症。

山楂蓮子湯

【原料】山楂 150 克，淨蓮子 200 克，白糖適量。

【製作】將蓮子洗淨，山楂去皮核洗淨；鍋內放蓮子，加水煮至蓮子熟，再加入山楂、白糖煮至山楂熟爛即成。

【功效與特點】

此湯具有消食開胃，補氣提神的功效。常食之能滋補身體，益智健腦，延年長壽。

山楂首烏湯

【原料】山楂、何首烏各 15 克，白糖 50 克。

【製作】將山楂、何首烏洗淨，切碎，一同入鍋，加水適量，浸漬 2 小時後，加入白糖，再熬煮 1 小時，去渣取湯。日服 1 劑，分兩次服。

【功效與特點】降脂減肥。適用於高脂血症、肥胖者食用。

山楂銀花湯

【原料】山楂 30 克，金銀花 12 克，白糖 20 克。

【製作】將山楂、金銀花洗淨，瀝乾水，放入鍋內，用文火炒熱，加入白糖，改用小火炒成糖餞，用開水沖泡。飲服，每日 1 劑，分 3 次服。

【功效與特點】降脂減肥。適用於高脂血症、肥胖者服用。

山楂鯉魚湯

【原料】鯉魚 1 條（約 500 克），山楂 25 克，麵粉 150 克，雞蛋 1 顆，黃酒、蔥段、薑片、精鹽、白糖各適量。

【製作】鯉魚去鱗、腸臟，洗淨，切塊，加黃酒、精鹽漬 15 分鐘；將麵粉加入清水和適量白糖，打入雞蛋攪成糊。將魚塊入糊中浸透，取出蘸上乾麵粉，入爆過薑片的油中炸 3 分鐘撈起。將山楂加入少量水，上火溶化，加入生麵粉少許，倒入炸好的魚塊煮 15 分鐘，加入蔥段、味精即成。佐餐食用，每日 1～2 次。

【功效與特點】

利水消腫，降脂減肥。適用於高脂血症、肥胖者食用；一般人食之防血脂升高和肥胖。

山楂炒肉片

【原料】鮮山楂片 20 克，瘦豬肉 200 克，植物油、鹽、蔥、料酒、味精各適量。

【製作】蔥洗淨切蔥花；豬肉洗淨切片，放入燒熱的油鍋內翻炒至色微黃時，加進山楂片，隨後烹入料酒，反覆煸炒至熟時，撒入鹽、蔥花、味精調味即成。佐餐分次食用，每日 1 ～ 2 次。

【功效與特點】

滋陰健脾，益氣消食，降脂降壓。適用於高脂血症、高血壓患者。

【宜忌】

本品味酸，食之過多，使人嘈雜易飢，損齒，脾胃虛弱者慎服；使用人參等補藥時，不宜多吃山楂及其製品，以防破氣。

山竹

【簡介】山竹，原名莽吉柿，又稱鳳果，原產馬來西亞，現在泰國是盛產山竹的主要國家，東南亞的很多國家也都有種植。它屬於熱帶水果。一般種植 10 年才開始結果，對環境要求非常嚴格，在水果界中是名副其實的綠色水果，非常名貴，其幽香氣爽、滑潤而不膩滯，與榴槤齊名，號稱「果中皇后」。山竹的果實呈圓形，比拳頭略小。成熟的山竹表皮是紫黑色，一般上面都帶有一段小小的果柄和黃綠色的果蒂。它的果皮又厚又硬，可以用刀把果皮切開，也可以用手將果皮捏出裂縫再掰開。除掉外殼的山竹會露出其雪白、嫩滑、誘人的果肉。白色的果肉像蒜瓣一樣緊密的排列在一起，味道酸甜，爽口多汁，是老少皆宜的水果。

【性味】果：性平，味甘、微酸。皮：性涼，味苦、澀。

【功效主治】

果：健脾生津，止瀉。皮：消炎止痛。主治脾虛腹瀉、口渴口乾、燒傷、燙傷、溼疹、口腔炎。

【保健功效】

山竹含有一種特殊物質，具有降燥、清涼解熱的作用，這使山竹能克榴槤之燥熱。在泰國，人們將榴槤、山竹視為「夫妻果」。如果吃了過多的榴槤上了火，吃上幾個山竹就能緩解。它含有豐富的蛋白質和脂類，對機體有很好的補養作用，對體弱、營養不良、病後都有很好的調養作用。

【養生食譜】

山竹鳳梨飲

【原料】山竹 3 個，新鮮鳳梨汁 500 克。

【製作】山竹去皮、去籽，連同新鮮鳳梨原汁用果汁機拌勻即可。

【功效與特點】活化內臟機能，改善胸悶缺氧。

山竹西瓜汁

【原料】西瓜原汁 500 克，山竹 3 個。

【製作】山竹去皮、去籽，連同西瓜原汁用果汁機拌勻即可。

【功效與特點】清涼退火，預防炎夏中暑。

山竹哈密瓜飲

【原料】山竹 2 個，哈密瓜 300 克，大豆卵磷脂約 10 克。

【製作】山竹去皮、去籽、哈密瓜去皮、去籽切小塊。兩種材料放入果汁機中，加冷開水 200 克，拌勻即可。

【功效與特點】益智醒腦，改善健忘。

山竹果飲

【原料】山竹 3 個，紫蘇梅汁 1 匙，紫蘇梅 2 粒，生薑 2 片，蘋果 1 個。

【製作】山竹去皮、去籽、紫蘇梅去核、蘋果去皮、去核切塊。全部材料放入果汁機中，酌加冷開水，拌勻後宜即刻飲用。

【功效與特點】收斂止瀉，整腸健胃。

【食療禁忌】

山竹富含纖維素，但它在腸胃中會吸水膨脹，過多食用反而會引起便祕。它含糖分較高，因此肥胖者宜少吃，糖尿病者更應忌食。它亦含較高鉀質，故腎病及心臟病人應少吃。

【小貼士】

購買山竹時一定要選蒂綠、果軟的新鮮果，否則會買到「死竹」，使您大失所望。剝殼時注意不要將紫色汁液染在肉瓣上，因為它會影響口味。

石榴

【簡介】為石榴科植物石榴的果實（有甜石榴和酸石榴之分）。又名安石榴、金罌、金龐、鐘石榴、天漿等。果色豔麗，子粒晶瑩，是傳統的中秋節令鮮果。耐儲藏和運輸。除鮮食外還可製成果汁和果酒等。

【性味】性溫，味甘酸澀；入肺、腎、大腸經。

【功效主治】生津止渴，收斂固澀，止瀉止血。主治津虧口燥咽乾、煩渴引飲、久瀉、久痢、便血、崩漏等病症。

【食療作用】

(1) 廣譜抗菌：石榴皮中含有多種生物鹼，抑菌試驗證實，石榴的醇浸出物及果皮水煎劑，具有廣譜抗菌作用，其對金黃色葡萄球菌、溶血性鏈球菌、霍亂弧菌、痢疾桿菌等有明顯的抑制作用，其中對志賀氏痢疾桿菌作用最強。石榴皮水浸劑在試管內對各種皮膚真菌也有不同程度的抑制作用，石榴皮煎劑還能抑制流感病毒。

(2) 收斂，澀腸：石榴（酸者）味酸，含有生物鹼、熊果酸等，有明顯的收斂作用，能夠澀腸止血，加之其具有良好的抑菌作用，所以是治療痢疾、泄瀉、便血及遺精、脫肛等病症的良品。

(3) 驅蟲殺蟲：石榴皮以及石榴樹根、皮均含有石榴皮鹼，對人體的寄生蟲有麻醉作用，是驅蟲殺蟲的要藥，尤其對絛蟲的殺滅作用更強，可用於治療蟲積腹痛、疥癬等。

(4) 止血，明目：石榴花性味酸澀而平，若晒乾研末，則具有良好的止血作用，亦能止赤白帶下。石榴花泡水洗眼，尚有明目效能。

【附方】

(1) 久瀉久痢，腸風下血（包括慢性細菌性痢疾，腸炎，腸結核等）：石榴果皮 12 ～ 18 克，水煎後加紅糖適量，一日分 2 次服。

(2) 大便滑脫不禁，婦女帶下不止：石榴果皮燒存性，研細末空腹服 3 ～ 6 克，糖湯送下。

(3) 乳蛾（扁桃體炎），喉痛，口舌生瘡（口腔炎）疼痛：鮮石榴果 1 ～ 2 個，取其肉（帶肉的種子）搗碎，以開水浸泡過濾，涼冷後，一日含服數次。

(4) 條蟲，薑片蟲，鉤蟲，蛔蟲：石榴樹根、皮 12 ～ 15 克（成人），水煎後去渣，加入白糖，空腹頓服，每日 1 次服完，連服 3 日。

(5) 風火赤眼（包括急性結合膜炎）：新鮮石榴嫩葉約 30 克，加水一碗，煎至半碗，去渣過濾澄清，作洗眼劑，用滴管或洗眼杯洗之。

(6) 耳內膿水不乾：石榴花於瓦上焙燥研末，加冰片少許研和，吹入耳，3 ～ 4 次即癒。

(7) 肺癆喘咳，夜不安枕（包括老年慢性支氣管炎）：酸石榴（甜者無效）每夜食之，以癒為度。

【養生食譜】

石榴皮蜜飲

【原料】石榴皮 90 克，蜂蜜適量。

【製作】將石榴皮洗淨，放在砂鍋內，加水適量煎煮沸 30 分鐘，加入適量蜂蜜，煮沸濾汁去渣。

【功效與特點】

此飲具有潤燥，止血，澀腸的功效。適用於治療崩漏帶下，還可用作輔助治療虛勞咳嗽、消渴、久瀉、久痢、便血、脫肛、滑精等病症。

鮮石榴水

【原料】鮮石榴 2 個。

【製作】將之洗淨後剝取其肉（帶肉之子），捶碎置杯中，以開水浸泡過其面。晾涼後，一日含漱多次。

【功效與特點】

該水具有殺菌止痛，消炎消腫，促進潰瘍癒合的功效。適用於扁桃體炎、喉痛及口腔炎黏膜潰瘍等病症。

石榴開胃飲

【原料】鮮石榴 1 個，生薑、茶葉各適量。

【製作】將鮮石榴洗淨，連皮帶子一起搗碎取汁；生薑洗淨，切薄片，上火加水煮開，然後將石榴汁倒入，待其煮沸後加進茶葉，略煮一下，離火，略涼即可。

【功效與特點】

此飲具有開胃止痢的功效，適用於食慾不振、消化不良、嘔吐、痢疾、久瀉、便血等病症。

石榴皮糖飲

【原料】石榴皮 30 克，紅糖適量。

【製作】將石榴皮洗淨，放砂鍋內，加入適量水，煮沸 30 分鐘，加入紅糖適量，攪勻濾汁即成。

【功效與特點】

此飲具有澀腸、止血的功效。適用於脾虛泄瀉、久痢、便血、脫肛、滑精、帶下、蟲積腹痛等病症。

【宜忌】

石榴多食傷肺損齒；石榴酸澀有收斂作用，感冒及急性盆腔炎、尿道炎等患者慎食；大便祕結者忌食。

柿子

【簡介】柿子為柿科植物柿的果實。又名米果、猴棗、鎮頭迦。柿子，果形扁圓，面為朱紅色，細潤而光滑，色澤豔麗，皮薄無核，果肉深紅，漿汁豐滿，鮮美甘珍，大小均勻，平均果重 65 克。柿子營養豐富，含糖量極高，多為葡萄糖、果糖、蔗糖，酸味極低，吃起來特別甜，在水果中居於首位，被譽為「最甜的金果」。

【性味】性寒，味甘、澀；入心、肺、大腸經。

【功效主治】

潤肺生津，清熱止血，澀腸健脾，解酒降壓。主治肺熱咳嗽、脾虛泄瀉、咳血便血、尿血、高血壓、痔瘡等病症。

【食療作用】

(1) 潤肺生津：柿子含有大量水分、糖、維他命 C、蛋白質、胺基酸、甘露醇等物質，能有效補充人體的養分及細胞內液，起到潤肺生津之效。

(2) 抗甲狀腺腫大：柿子內含有大量的維他命及碘，能治療因缺碘而導致的地方性甲狀腺腫大。

(3) 健脾開胃，澀腸止血：柿子有大量的有機酸和鞣質，能幫助胃腸對食物進行消化，增進食慾，又因其酸性收斂，故有澀腸止血之功，可用於治療血痢和痔瘡出血。

(4) 解酒：柿子能促進血液中乙醇的氧化，幫助機體對酒精的排泄，減少酒精對機體的傷害，能夠醒酒解醉。

(5) 改善心血管功能：柿子含有黃酮苷，可降低血壓、軟化血管、增加冠狀動脈流量、且能活血消炎，可改善心血管功能，防治冠心病、心絞痛。

【附方】

(1) 治噁心嘔吐：柿餅 2 個，切碎拌入稻米中蒸熟，連服 2 天。或柿餅燒存性研末，每次 6 克，開水沖服，每日 3 次。也可將柿餅搗爛如泥，每次 9 克，開水沖服，每日 3 次。還可用柿蒂 5 個，丁香 3 克，水煎服用。每日 2 次。

(2) 治妊娠嘔吐：用柿蒂 30 克，冰糖 60 克。水煎服。或柿蒂 15 克，灶心土 30 克。水煎過濾後服用。每日 2 次。

(3) 治呃逆：柿蒂 9 克，水煎服。或柿蒂 7 個，燒存性研末，燒酒調服。還可用柿霜，每次 6 克，開水調服。每日 2 次。

(4) 治胃寒呃逆：柿蒂 9 克，丁香 3 克，生薑 30 片。水煎服。體虛者，可加黨參 20 克，同煎服，每日 2 次。

(5) 治痢疾：柿子切片晒乾，炒黃研末，每次 5 克，每日 3 次，溫開水送服。

(6) 治腹瀉腹痛：柿蒂煅成灰，研細末裝瓶備用，每次 2 克，每日 3 次。

(7) 治吐血：柿餅焙焦，研末，每次服 2 克，每日 3 次。

(8) 治肺熱咳嗽：柿餅 15 克（或柿霜 5～10 克），嚼服或沖服。或加南沙參、苦杏仁各 9 克，黃芩 6 克。水煎服，每日 3 次。

(9) 治乾咳，久咳不癒：柿餅 2 個，川貝末 9 克。先將柿餅挖開去核，納入川貝末後放在飯上蒸熟，1 次服完。每日 2 次。或柿子 3 個，水煎服，入蜂蜜服用。

(10) 治咳嗽痰多：柿餅燒灰存性，加蜂蜜做成丸，開水送服。或用柿餅與雞血同煮食，常有較好的療效。

(11) 治咽喉腫痛：柿霜 3 克，放在溫開水中化服，每日 3 次。

(12) 治口腔炎，咽喉炎：柿霜塗抹患處或含咽，每日 2～3 次。

(13) 治早期高血壓：柿餅 10 個水煎，每日 2 次分服。或青柿搗爛榨汁，每次 25 毫升，每日 3 次。或柿餅 50 克，黑木耳 6 克，冰糖適量，同煮爛食用。也可用生柿榨汁，以牛奶或米湯調服，每次 150～200 毫升，對有中風傾向者效果較好。

(14) 糖尿病的輔助治療：鮮柿葉洗淨，以食鹽浸漬，每日吃 5 ～ 6 枚。

(15) 治大便帶血：柿餅 8 個，灶心土 30 克。柿餅用灶心土炒熟，早晚各食 1 個。對痔瘡出血和肛門裂開帶血，將柿餅蒸熟，每餐吃 1 個。或柿根 9 克，瓦松 3 克，無花果 6 克。水煎服。還可用柿根、地榆炭各 12 克。水煎服。每日 2 ～ 3 次。

(16) 治產後惡露不盡：柿餅 3 個，燒存性研細末，黃酒沖服。每日 2 次。

(17) 治紫癜：柿葉 30 克，加適量水煎服。每日 3 次。

(18) 治過敏性皮炎：青柿子 500 克。先將柿子砸爛，加水 1500 毫升，晒一週後去渣，再晒 3 天，裝瓶備用，取適量塗患處，每日 3 次。

(19) 治帶狀皰疹：柿子汁塗患處，每日數次。

(20) 治已潰凍瘡：柿子皮 60 克，熟菜籽油適量，柿皮燒存性研細末，用熟菜油調勻塗患處。每日 2 ～ 3 次。

(21) 治皮膚慢性潰瘍：柿皮連肉，敷貼患處。或柿霜、柿蒂等量，燒炭研末外敷傷口。每日 2 次。

(22) 治久咳不癒，小兒百日咳：柿餅 1 個，去皮生薑 3 ～ 5 克。先將柿餅切成兩半，生薑切碎夾在柿餅內，以文火焙熟，去薑吃柿餅，或用柿餅 15 克，羅漢果 1 顆，水煎服。每日 2 ～ 3 次。

(23) 治尿路感染，血尿：柿餅 2 個，燈心草 6 克。以清水適量煎湯，加白砂糖調味飲用。每日 1 ～ 2 次。

(24) 治高血壓，痔瘡出血，慢性支氣管炎乾咳，咽痛：柿餅 3 個洗淨，加入少量清水及冰糖，放入碗中，隔水蒸至柿餅綿軟後服用。每日 2 次。

(25) 治肺熱燥咳，口舌生瘡，咳血：柿霜 15 克，白砂糖 15 克。同放入鍋中，加水適量，文火煎熬，等濃稠後停火，倒入塗有熟菜油的琺瑯盤中，稍涼擀乾，用刀切成小塊即成。每次 1 塊，每日 3 次。

(26) 治地方性甲狀腺腫，甲狀腺機能亢進：未成熟的青柿子 1000 克，洗淨去柄，切碎搗爛。以潔淨紗布絞汁放在鍋中，先以大火煮沸，後以文火煎熬濃縮至黏稠時，加入蜂蜜一倍，再煎至濃稠時停火，待冷裝瓶備用。每次1湯匙，沸水沖飲。每日2次。

【養生食譜】

釀柿子

【原料】新鮮脫澀柿子8個，鳳梨100克，葡萄乾、核桃仁、蜜棗各50克，奶油200毫升，白糖200克。

【製作】將柿子洗淨，去蒂、皮、核後，切成柿丁，核桃仁切碎，鳳梨洗淨去皮切成碎丁備用；以上三味與蜜棗、葡萄乾一起放入盆內，加入白糖並拌勻，然後將奶油均勻擠在上面即可食用。

【功效與特點】

本食品具有潤肺止咳，養胃生津，補氣養血的功效。適宜於陰虛乾咳，胃燥口渴，大便祕結，氣血虛弱等病症。健康人食之可強身健體，增強免疫力。

柿子汁

【原料】未成熟柿子2個。

【製作】將柿子洗淨，去柿蒂。皮、核搗爛後絞取柿汁，加入50毫升溫開水並攪勻，每日飲用2次。

【功效與特點】

本汁具有清熱平肝的功效，可治療地方性甲狀腺腫，高血壓等病症。

柿子黑豆湯

【原料】新鮮柿子1個，黑小豆30克。

【製作】柿子洗淨去柿蒂，切成柿丁，黑小豆洗淨，兩者同放入瓦罐中，加清水300毫升，食鹽少許，共煎20分鐘後瀝出湯汁，趁熱飲用，每日1劑。

【功效與特點】

此湯具有清熱止血的功效，可用於治療尿血，痔瘡出血等病症。

乾炸柿餅

【原料】乾柿餅 8 個，雞蛋 2 顆，乾澱粉、麵粉、綿白糖、青紅絲各適量，花生油 750 毫升。

【製作】先將柿餅去蒂、核，洗淨後切成柿條，裹上乾澱粉備用；將雞蛋打入碗內，加入麵粉及少許清水，調成蛋糊備用；鐵鍋放火上，加入花生油，燒至六成熱，將柿條用筷子夾住逐條裹上蛋糊，放入油鍋內，炸至呈淡黃色時撈出；待油溫達八成熱時，再放入柿條復炸至呈金黃色，外殼變脆時撈起瀝油，裝入盤內，撒上綿白糖、青紅絲即成。

【功效與特點】

此餚具有健脾止瀉的功效，適用於久瀉虛痢，胃弱食少，小兒脾虛泄瀉，慢性腸炎等病症。

夾心柿餅

【原料】取柿餅 6 個，青黛 18 克，綠豆沙 15 克。

【製作】先將柿餅去蒂洗淨，上籠蒸 30 分鐘，取出，待冷卻後，去除柿核，逐一納入青黛和豆沙，復上籠蒸 5 分鐘，每晚睡前服 1 個，連服 6 天。

【功效與特點】

此餅具有清肺止咳，涼血止血的功效。適用於肺熱咳嗽，痰中帶血等病症。

【宜忌】

柿子性寒，凡脾虛泄瀉，便溏，體弱多病，產後及外感風寒者忌食。柿子含單寧物質，具有較強的收斂作用，食之過量，易致口澀，舌麻，大便乾燥。單寧酸可與體內的鐵結合，阻礙對鐵的吸收，故缺鐵性貧血患者禁食。空腹慎食生柿或食柿後忌飲白酒、熱湯，以防罹患胃柿石症。柿子不宜與螃蟹、甘薯共同食用，否則會引起腹痛、嘔吐、腹瀉等症狀，嚴重者可致胃出血而危及生命。食柿子前後不可食醋。

桃

【簡介】為薔薇科植物桃或山桃的成熟果實。又名桃實、毛桃、蜜桃、白桃、紅桃。桃果味道鮮美，營養豐富，是人們最為喜歡的鮮果之一。除鮮食外，還可加工成桃脯、桃醬、桃汁、桃乾和桃罐頭。桃樹很多部分還具有藥用價值，其根、葉、花、仁可以入藥，具有止咳、活血、通便等功能。

【性味】性溫，味甘酸；入肝、大腸經。

【功效主治】

生津，潤腸，活血，消積。主治老年體虛，津傷腸燥便祕、婦女瘀血痛經、閉經及體內瘀血腫塊、肝脾腫大等病症。

【食療作用】

(1) 抗貧血，促進血液生成：桃子果肉中含鐵量較高，在各種水果中僅次於櫻桃。由於鐵參與人體血液的合成，所以食桃具有促進血紅蛋白再生的能力，可防治因缺鐵引起的貧血。

(2) 抗凝血：藥理研究顯示，桃仁的醇提取物能提高血小板中（AMP）水準，抑制血小板聚集，顯示具有一定的抗凝血作用及較弱的溶血作用。

(3) 抗肝纖維化，利膽：桃仁提取物可擴張肝內門靜脈，促進肝血循環及提高肝組織膠原酶活性，並可促進肝內膠原酶的分解代謝，對肝硬化、肝纖維化有良好的治療作用。還能使肝微循環內紅血球流速增加，促使膽汁分泌。

(4) 止咳平喘：桃仁中所含扁桃苷、苦杏仁酶等物質，水解後對呼吸器官有鎮靜作用，能止咳平喘。

(5) 利尿通淋，退黃消腫：桃花中含有條酚，具有利尿作用，能除水氣、消腫滿、醫治黃疸、淋症等。同時桃花能導瀉，而對腸壁無刺激作用。

【附方】

(1) 高血壓，頭痛，便祕：桃仁 9 克，決明子 12 克，水煎服。如兼有神經症狀、煩燥、失眠、便祕，則用桃仁、火麻仁、柏子仁各 9 克，搗爛研細，水煎去渣，每晚臨睡前以蜂蜜調服。

(2) 婦女月經困難，經閉腹痛，產後瘀血腹痛：桃仁 9 克，丹皮 6 克，紅花 3 克，以酒水合煎，一日 2 次分服。

(3) 浮腫腹水，腳氣足腫，大便乾結，小便不利：白桃花焙燥，研細末，每次 1.5 ～ 3 克，蜂蜜沖水調服，以大便小瀉為度。桃花導瀉，對腸壁無刺激性，且不腹痛，能排出多量水分。

(4) 血絲蟲病：碧桃乾、乾石榴皮各 9 克，乾茶樹果 3 克，食鹽少許，水煎服。

(5) 虛汗，盜汗：碧桃乾 9 ～ 15 克，水煎服。

(6) 淋巴腺炎：桃樹葉搗爛，加黃酒少許燉熱，敷於患處。

(7) 間日瘧：鮮桃葉 3 ～ 5 片，生大蒜半瓣，一同搗爛，以紗包裹塞於鼻內，或左或右，於瘧疾發作前 2 ～ 3 小時塞入，能止瘧。

【養生食譜】

蜜桃乾片

【原料】新鮮桃子 30 個，蜂蜜 80 毫升，白糖 10 克。

【製作】桃子洗淨，剖成兩半，去核後晒乾；將晒好的桃乾放入瓷盆，拌上蜂蜜、白糖，再將瓷盆蓋密放入鍋內，隔水用中火蒸 2 小時；蒸好後冷卻，裝瓶備用。每次飯後食桃乾片 1 ～ 2 塊，桃蜜半匙，溫開水沖淡服食。

【功效與特點】

此桃乾具有益肺養心，生津活血，助消化的作用。肺病、心血管病患者食之大有裨益。

炸桃片

【原料】黃桃 750 克，雞蛋 5 個，麵粉、白糖、牛奶各適量，香草粉少許，花生油 500 毫升。

【製作】將桃洗淨，削皮去核，劈成片狀，放入碗內，加白糖稍醃；雞蛋打開，分別取蛋黃、蛋清，將牛奶、蛋黃、麵粉、香草粉、白糖一起放入盆中，再加適量清水，攪勻成糊狀；將抽打成泡沫狀的蛋清倒入牛奶糊內，攪拌均勻；鍋放火上，加入花生油燒熱，把桃片拌勻牛奶糊後放入油鍋中，炸至熟透，呈黃色時撈起，裝入盤內，趁熱撒上糖即成。

【功效與特點】

本食品具有養胃生津，滋陰潤燥的功效，適用於胃陰不足，津傷口燥，肺燥咳嗽，咽痛聲啞，便祕及虛損等病症。

桃仁芝麻蜜糖

【原料】桃仁、芝麻、白糖各 500 克，蜂蜜 500 毫升。

【製作】將桃仁去皮打碎，芝麻磨碎，加入白糖和蜂蜜混和調勻。早、晚各食一匙。

【功效與特點】

此糖具有去瘀生新，改善肝功能的功效。是慢性肝炎患者的輔助食療佳品。

桃仁粳米甜粥

【原料】桃仁 10 ～ 15 克，粳米 50 克，白糖適量。

【製作】將桃仁搗爛如泥，加清水研磨成汁後，濾去渣，與粳米同煮為稀粥，加入白糖調味。

【功效與特點】

此粥具有活血祛瘀，消腫止痛的功效。適用於因瘀血停滯引起的婦女閉經、瘀血腫痛、胸脅刺痛、高血壓、冠心病等病症。

新鮮桃花蜜

【原料】新鮮桃花 50 克，蜂蜜 500 毫升，白糖 2 匙。

【製作】春季採集蜂蜜，與桃花攪拌 5 分鐘，使之均勻；之後在上面覆蓋一層白糖，密封，蓋緊，置陰涼處 10 天後即可飲用。每日 1 ～ 2 次，每次一匙，開水沖服（棄桃花瓣）。

【功效與特點】

此花蜜具有養五臟，除水溼，通大小便等功效。適用於浮腫、腹水、腳氣足腫、小便不利、大便乾結等病症。

雪塌桃脯

【原料】鮮桃 750 克，雞蛋 3 個，冰糖 200 克。

【製作】

（1） 將鮮桃洗淨，去皮、核，切瓣，放入盆中，加清水浸泡 3 分鐘後撈出，放入開水鍋中燙一下，撈出放入大碗內，加 100 克冰糖，上籠蒸熟取出，扣入盤內。

（2） 將雞蛋清抽打成蛋泡，放在開水鍋內燙成蛋花。鍋架火上，放入清水和冰糖熬化，收濃汁，澆在桃上，再蓋上雪花蛋即成。

【功效與特點】潔白似雪、味甜爽口。本甜品營養豐富、具有生津、潤腸、活血、消積功效。因桃子含鉀多而含鈉少，水腫者宜食。但多吃令人生熱，易長癰癤，胃脘膨脹，如與冷水同食會引起腹痛、腹瀉。

水蜜桃鑲油條

【原料】新鮮水蜜桃 1 個，油條 2 根，蝦仁 200 克。

調味料：（1）鹽 1/3 茶匙，蛋清半個，太白粉 1 大匙，白胡椒少許，水 5 大匙。（2）麵粉 1 大匙，太白粉 1 大匙，雞蛋粉 1 大匙。（3）甜辣醬 1 瓶。

【製作】

(1) 水蜜桃去皮、籽切為 3 公分 ×0.3 公分的條狀。

(2) 油條一分為二，切成 4 公分的條狀，中間以筷子掏空。

(3) 蝦仁去腸泥以乾布拭乾，剁成蝦泥與調味料（1）拌勻。

(4) 油條內兩邊先塞滿蝦泥，再將水蜜桃塞入油條中，蘸裹調勻好的調味料（2）。

(5) 以中火加熱油鍋至 5 分熱，入油條炸約 2 分鐘，即可瀝乾擺盤，可蘸甜辣醬食用。

【功效與特點】營養豐富，具有生津，潤腸，活血，消積之功效。

【宜忌】

桃性溫味甘甜，不宜多食，否則易生膨脹、發瘡癤；桃不宜與龜、鱉肉同食。

甜瓜

【簡介】為葫蘆科一年生蔓性草本植物甜瓜的果實。又名熟瓜、果瓜、香瓜、甘瓜。甜瓜果實香甜，營養豐富，以鮮食為主，也可製作果乾、果脯、果汁、果醬及醃漬品等。

【性味】性寒，味甘；入心、胃經。

【功效主治】

清暑熱，解煩渴，利小便，護肝腎，催吐殺蟲。主治暑熱煩渴，二便不利，肺熱咳嗽，風熱痰涎，宿食停滯於胃等病症。

【食療作用】

(1) 清暑熱，解煩渴：甜瓜含有大量的碳水化合物及檸檬酸、胡蘿蔔素和維他命 B、C 等，且水分充沛，可消暑清熱、生津解渴、除煩等。

(2) 幫助腎臟病人吸收營養：甜瓜中含有轉化酶，可以將不溶性蛋白質轉變成可溶性蛋白質，能幫助腎臟病人吸收營養，對腎病患者有益。

(3) 保護肝臟：甜瓜蒂所含的葫蘆素 B 能明顯增加實驗性肝醣原蓄積，減輕慢性肝損傷，從而阻止肝細胞脂肪變性及抑制纖維增生。

(4) 催吐：甜瓜蒂含有苦毒素，葫蘆素 B、E 等結晶性苦味質，能刺激胃黏膜，內服適量，可致嘔吐，但不為身體吸收，無虛脫及中毒等弊端。

(5) 殺蟲現代研究發現，甜瓜子有驅殺蛔蟲、絲蟲等作用，可廣泛用於治療蟲積病症。

(6) 補充營養甜瓜熟肉含有蛋白質、脂肪、碳水化合物、無機鹽等，可補充人體所需要的能量及營養素，幫助機體恢復健康。

【附方】

(1) 治鼻生瘡：甜瓜 1 ～ 2 個生吃，或甜瓜 1 ～ 2 個，切片，瘦豬肉 50 克，切片，煮湯吃，每日 1 ～ 2 次。

(2) 治暑熱，中暑：甜瓜 1 ～ 2 個生吃，或甜瓜 1 ～ 2 個，西瓜 500 克，榨汁飲，每日 2 ～ 3 次。

(3) 治小便不利：甜瓜 1 ～ 2 個生吃，或甜瓜 1 ～ 2 個，西瓜 500 克，榨汁飲，或甜瓜 1 ～ 2 個，切片，瘦豬肉 50 克，切片，煮湯吃，每日 2 ～ 3 次。

【養生食譜】

拔絲香瓜

【原料】香瓜 500 克，白糖 150 克，乾澱粉 100 克，熟油 250 毫升。

【製作】先將香瓜洗淨，削去外皮，除去瓜瓤，用刀將瓤肉切成長條，蘸上乾澱粉，備用；將鍋放火上，加入熟豬油並燒至八成熱，下入香瓜條，待之炸成金黃色時，撈出瀝油；原鍋置火上，留少許底油，加入少量清水、白糖，炒至淺黃色能拔出絲時，投入已炸好的瓜條，離火，顛翻均勻，撒上青紅絲、芝麻，裝入已抹上一層麻油的盤內，蘸涼開水食用。

【功效與特點】

本菜具有解暑生津，除煩止渴，通利小便之功效，可治療暑熱傷津，煩熱口渴，小便短赤及暑熱痢疾等病症。

甜瓜蘋果

【原料】甜瓜、蘋果各 250 克，胡蘿蔔 150 克。

【製作】先將甜瓜洗淨，削去皮，除去瓜瓤，備用；將蘋果洗淨，削皮去籽；胡蘿蔔洗淨去皮；上三味切碎，絞汁過濾，分兩次飲服，連服尤佳。

【功效與特點】

此食具有潤肺健脾，護膚美容的功效，適用於治療粉刺，面部色斑等病症。

瓜蒂綠豆散

【原料】甜瓜蒂乾品 0.6 克，乾綠豆 3 克。

【製作】將上兩味共同研為細末，用溫開水送服，必要時，可連續用數次，直至嘔吐。

【功效與特點】

本散功能催吐，適宜於風熱痰涎，宿食停滯於胃之病症，以及急救時用作催吐穢物。

甜瓜子煎

【原料】新鮮甜瓜子 30 克，白糖 50 克。

【製作】先將甜瓜子搗爛，加水 200 毫升，大火煮沸，加入白糖，改小火續煎 10 分鐘，待溫飲用，每日 2 次。

【功效與特點】

本食品具有清熱排膿、殺蟲的功效。適用於肺癰、腸癰、蛔蟲、絲蟲等病症。

【宜忌】

凡脾胃虛寒，腹脹便溏者忌服；出血及體虛患者不可服瓜蒂；不宜與田螺、螃蟹、油餅等共同食用。

無花果

【簡介】為桑科植物無花果。又名隱花果、蜜果、奶漿果、映日果、文仙果等。民間傳說，無花果乃佛教傳說中的一種花名，謂三千年一現，霎時即謝，後人不知無花果乃隱花植物，以為無花果花難得一現，霎時即斂，遂有此附會。

【性味】性平，味甘；入心、脾、胃三經。

【功效主治】

健脾化食，潤腸通便，利咽消腫，解毒抗癌。主治消化不良、大便祕結、痔瘡、脫肛、瘡癬、咽喉疼痛及陰虛肺熱咳嗽等病症。

【食療作用】

(1) 健脾消食，潤腸通便：無花果含有蘋果酸、檸檬酸、脂肪酶、蛋白酶、水解酶等，能幫助人體對食物的消化，促進食慾，又因其含有多種脂類，故具有潤腸通便的效果。

(2) 降血脂，降血壓：無花果中所含的脂肪酶、水解酶等有降低血脂和分解血脂的功能，故可降血脂，減少脂肪在血管內的沉積，進而起到降血壓、預防冠心病的作用。

(3) 利咽消腫：無花果中含有檸檬酸、延胡索酸、琥珀酸、蘋果酸、草酸、奎寧酸等物質，具有抗炎消腫之功，可利咽消腫。

(4) 補充營養：無花果含有大量的糖類、脂類、蛋白質、纖維素、維他命、無機鹽及人體必需的胺基酸等，可有效補充人體的營養成分，增強機體免疫力。

(5) 防癌抗癌：未成熟果實的乳漿中含有補骨脂素、佛手柑內酯等活性成分，其成熟果實的果汁中可提取一種芳香物質「苯甲醛」，兩者都具有防癌抗癌的作用，可以預防肝癌、肺癌、胃癌的發生，延緩移植性腺癌、淋巴肉瘤的發展，促使其退化。

【附方】

（1） 痔疾腫痛，出血：無花果 1 ～ 2 個，水煎或空腹時生食，一日 2 次，可酌情加倍用之。另用葉柄的白色乳汁塗於患處，有消腫止痛之功。無花果葉煮湯，坐浴。

（2） 小兒蛔蟲，鉤蟲：無花果根或莖葉 60 克，煎濃湯，早晨空腹 1 次服下。

（3） 下肢潰瘍，瘡面惡臭：無花果肉搗爛敷於患部，包紮之。或用乾燥果實磨粉，撒布瘡面，加以包紮。

（4） 贅疣（肉痣），腳癢：用未熟的果肉絞汁，或用莖葉搗汁，塗於患部，一日 2 ～ 3 次，數日見效。

（5） 誤食魚蟹類中毒，腹痛，嘔吐：新的嫩葉，洗淨搗爛絞汁，每服半杯，溫開水和服。

（6） 胃弱，消化不良：乾果切成小粒，炒至半焦，加適量白糖，開水沖泡代茶飲，有開胃助消化之功。

（7） 婦女子宮頸炎：無花果葉煮湯坐浴。

（8） 經年腹瀉不癒：無花果鮮葉 60 克切碎，加入紅糖同炒研末，開水送服，一次服完。

（9） 白癜風：無花果葉切細，燒酒浸泡，塗患部，一日 2 ～ 3 次。

【養生食譜】

無花果粥

【原料】新鮮無花果 10 枚，粳米 100 克，冰糖 50 克。

【製作】先將無花果洗淨，粳米淘洗乾淨備用；取一瓦罐，放入粳米及 500 毫升清水，以旺火煮沸，加入無花果、冰糖，改用小火續熬 25 分鐘粥成即可。待溫食用。

【功效與特點】

本粥具有健脾止瀉，清咽消腫之功效。可用於脾胃虛弱、食慾不振、消化不良、泄瀉下痢、肺熱咳嗽、咽喉腫痛、痔瘡出血等病症。

蜜棗無花果

【原料】新鮮無花果 2 枚，蜜棗 2 枚，冰糖 20 克。

【製作】先將無花果洗淨，與蜜棗一起放在碗內，隔水燉爛；冰糖打碎研成細末，調入果泥中，攪拌均勻，待溫食用。

【功效與特點】

本果品具有潤肺止咳利咽功效，適宜於陰虛乾咳無痰、咽喉疼痛、聲音嘶啞等患者食用。

無花果豬腳

【原料】乾無花果 100 克，豬腳兩隻約 1000 克。

【製作】先將豬腳去掉皮殼，洗淨，順趾縫剖開備用；炒鍋放於火上，加入清水（以能淹沒豬腳為準），豬腳、無花果及適量精鹽，旺火煮沸後，改小火燉至爛熟，調入味精即成。

【功效與特點】

本餚功能養血通乳，可作為婦女產後催乳之用。無病者食之，能強身健體，潤膚美容。

【宜忌】

腦中風、脂肪肝、正常血鉀性週期性麻痺等患者不宜食用；大便溏薄者不宜生食。

西瓜

【簡介】為葫蘆科植物西瓜的果實。又名寒瓜、夏瓜、水瓜。原產於非洲熱帶地區。西瓜營養豐富，解渴消暑，為夏季最主要的瓜果之一。

【性味】性寒，味甘；入心、胃、膀胱經。

【功效主治】

清熱解暑，除煩止渴，利小便。主治暑熱疰夏，小便不利，咽喉疼痛，口舌生瘡，風火牙痛，熱病煩渴以及尿路感染，高血壓等病症。

【食療作用】

(1) 清熱解暑：西瓜含有大量水分、多種胺基酸和糖，可有效補充人體的水分，防止因水分散失而中暑。同時，西瓜還可以透過利小便排出體內多餘的熱量而達到清熱解暑之效。

(2) 補充營養：西瓜在所有瓜果中果汁含量最為豐富，其果汁幾乎包含有人體所需的各種營養成分。對人體健康極為有利。

(3) 美容，抗衰老：西瓜汁猶如人體的清道夫，能排除體內代謝產物，清潔腎臟及輸尿管道，同時還可啟動機體細胞，達到美容及延緩衰老的功效。

(4) 幫助蛋白質的吸收：現代研究發現，西瓜汁中含有蛋白酶，可將不溶性蛋白質轉化為水溶性蛋白質，以幫助人體對蛋白質的吸收。

(5) 利尿降壓，治療腎炎：西瓜中瓜胺酸和精胺酸能增進肝中尿素的形成而導致利尿，西瓜的醣苷也具有利尿降壓作用。西瓜含有少量鹽類，對腎炎有特殊的治療效果。

(6) 預防疾病：西瓜翠衣（西瓜皮）營養十分豐富，含葡萄糖、蘋果酸、枸杞鹼、果糖、蔗糖酶、蛋白胺基酸、西瓜胺基酸、番茄素及豐富的維他命C等，有消炎降壓、促進新陳代謝，減少膽固醇沉積，軟化及擴張血管，抗壞血病等功效，能提高人體免疫力，預防心血管系統疾病的發生。

(7) 治療咽喉及口腔炎症：以西瓜為原料製成的西瓜霜有消炎退腫之效，吹敷患處，可治咽喉腫痛、口舌生瘡諸疾。

【附方】

(1) 治慢性氣管炎：西瓜1個切1小口，放入冰糖50克（或生薑60克）蓋好，上籠蒸2小時，吃瓜飲汁，每日1個，連吃10天為一療程。

(2) 治乙型腦炎發熱抽搐：西瓜汁加白糖大量飲用。飲至發熱抽搐止為佳。

(3) 治夏季感冒發熱：西瓜去皮、去籽，番茄用沸水燙洗，剝皮去子，分別用潔淨紗布絞汁。合併二液，代水隨量飲用。此法適用於夏季發熱，口渴煩躁，食慾不振，小便赤熱。

(4) 治目赤，口瘡，熱病消渴：西瓜去籽切條，晒至半乾，加白糖適量醃漬，再曝晒至乾後，加白糖少許。每次1～2條，每日2～3次食用。

(5) 治肝陽上亢型高血壓，胃熱煩渴：西瓜皮60克（鮮品200克），玉米鬚60克，去皮香蕉3條，加清水2000毫升，燉煮至600～700毫升，加冰糖調味，每日分2次飲完。

(6) 治高血壓：西瓜皮（乾品）20克，草決明子15克。水煎代茶飲。

(7) 治糖尿病，尿混濁：西瓜皮30克，冬瓜皮20克，天花粉15克。水煎服，每日2次。

(8) 治水腫：西瓜皮（乾品）30克，赤小豆30克，冬瓜皮30克，玉米鬚30克。水煎服，每日1～2劑。

(9) 治腹水：西瓜皮（乾品）30克，冬瓜皮30克，黃瓜100克。水煎服，每日1～2劑。

(10) 治腎炎：西瓜應市時，每日吃適量，連續常服有輔助療效。或用西瓜皮30克，鮮茅根30克。水煎服，每日1～2劑。

(11) 治咽乾喉痛：西瓜皮30克，加水500毫升煎至300～400毫升，每日2次分服，連續數天。

(12) 治口腔炎：西瓜皮晒乾炒焦，加冰片少許共研末，用蜂蜜調勻塗患處；或含西瓜汁於口中，每次 3 分鐘，每日數次。

(13) 治月經過多：西瓜子 9 克，研末用水調服，每日 2 次。

(14) 治閃腰岔氣：西瓜皮陰乾，研細末加少量食鹽，以酒調服，每次 9 克，每日 2 次。

(15) 治燒傷燙傷：乾西瓜皮 30 克，研細末，加香油適量調勻塗患處。

【養生食譜】

鮮西瓜汁

【原料】鮮西瓜 1000 克。

【製作】去皮及瓜子，搗汁服用，每日 2 次。

【功效與特點】

功能清熱解暑，除煩止嘔，利大小便。適用於熱病煩渴，中暑頭暈，乾渴作嘔，小便不利，尿道感染及大便乾燥等病症。

冰糖西瓜

【原料】新鮮西瓜 1 個約 3 公斤。

【製作】以小尖刀開一小口，取出部分瓜瓤，放入冰糖 50 克，以瓜皮封口，隔水蒸 90 分鐘，待涼後，吃瓜飲汁，日服 1 個，連服 7 天。

【功效與特點】

功能清熱潤肺，可用以治療咳嗽少痰，痰黏稠不爽等病症。

瓜皮赤豆茶

【原料】新鮮西瓜翠衣、新鮮冬瓜皮各 50 克，赤小豆 30 克。

【製作】以上三味洗淨，同置瓦罐中，加水 500 毫升，以小火煎 20 分鐘，濾出湯汁，當茶飲用，連服 10 天。

【功效與特點】

本茶具有利水消腫的功效。適宜於腎炎及心功能不全所致的水腫患者飲用。

翠衣鱔絲

【原料】粗鱔魚肉 500 克，熟豬油 500 毫升，鮮西瓜皮 150 克，雞蛋 1 顆，蔥、蒜各適量。

【製作】將鱔魚肉沖洗乾淨，用刀批成片，再改刀切成絲，然後用清水漂洗一次，撈起瀝乾水，並用乾紗布吸去水分；西瓜皮削去外表硬皮，切成塊，搗成泥狀，濾出翠衣汁，加入澱粉，製成翠衣汁澱粉備用；鱔絲裝入盆中，打入蛋清，加翠衣汁澱粉、精鹽、料酒，抓勻；將鍋置火上，倒入熟豬油燒熱，放入鱔絲、蒜末、蔥白末滑炒，視色變白後撈出瀝油；原鍋留少許油上火，投入蔥、蒜，再放入鱔絲，加少許瓜皮汁、料酒、精鹽翻炒，用澱粉勾芡，顛翻幾下，淋入芝麻油，起鍋裝盤即成。

【功效與特點】

本餚具有補虛損，祛風溼的功效。適宜於久病虛損，形體瘦弱，風溼性關節炎疼痛及夏季體質虛弱者食用。

西瓜炒蛋

【原料】西瓜瓤 500 克（黃色最佳），雞蛋 5 顆，素油 100 毫升。

【製作】將雞蛋打入碗內，西瓜瓤切成丁，用乾淨紗布包裹西瓜瓤丁，略擠去部分水分，然後放進盛有雞蛋的碗內，加入精鹽並調勻備用；炒鍋放火上，倒入素油並燒熱，放入調好的雞蛋瓜丁糊，炒熟即成。

【功效與特點】

本餚具有滋陰潤燥，清咽開音，養胃生津的功效。適宜於陰虛內燥。肺虛久咳，咽痛失音，熱病煩躁，胃燥口乾，小便短赤及高血壓病，糖尿病患者食用。陰虛燥熱體質者，宜常食之，為滋潤清燥保健之佳餚。

西瓜糕

【原料】西瓜瓤 600 克，瓊脂 75 克，白糖 150 克。

【製作】

(1) 將西瓜瓤子去除，放進潔淨的紗布內，擠出西瓜汁備用。

(2) 鍋架旺火上，放入西瓜汁、瓊脂、糖，用小火將瓊脂溶化，然後分別放入多隻湯匙內晾涼，凝固後成西瓜糕，取出底朝上擺在盤內組成蓮花狀即可。

【功效與特點】

本甜品性味甘涼，能防治咽炎、喉炎、食管炎、便祕等症，還可以輔助治療腎炎浮腫和高血壓。

【宜忌】西瓜性寒質滑，凡中寒溼盛、脾虛泄瀉者忌食。

番茄

【簡介】番茄為茄科植物番茄的新鮮果實。又名番茄、洋柿子。原產南美洲的祕魯、厄瓜多爾等地，在安地斯山脈至今還有原始野生種，約在明代傳入中國。明《群芳譜》已有記載，因色彩嬌豔，人們對它十分警惕，視為狐狸的果實，又稱狼桃，只供觀賞，不敢品嘗。而作為食物使用，僅有六七十年的歷史。現在它是不少人餐桌上的美味，番茄含有豐富的胡蘿蔔素、維他命 B 和 C，尤其是維他命 P 的含量居蔬菜之冠。

【性味】性微寒，味甘酸；入脾、腎經。

【功效主治】

生津止渴，健胃消食，涼血平肝，清熱解毒。主治熱病津傷口渴、食慾不振、肝陽上亢、胃熱口苦、煩熱等病症。

【食療作用】

(1) 番茄性甘酸微寒，有生津止渴、健胃消食、涼血平肝、清熱解毒、降低血壓之功效，對高血壓、腎臟病人有良好的輔助治療作用。

(2) 促進消化：番茄中的檸檬酸、蘋果酸和糖類，有促進消化作用，番茄素還對多種細菌有抑制作用，同時也具有幫助消化的功能。

(3) 保護皮膚彈性，促進骨骼：發育番茄中含有胡蘿蔔素，可保護皮膚彈性，促進骨骼鈣化，還可以防治小兒佝僂病，夜盲症和眼乾燥症。

(4) 防治心血管疾病：膽固醇產生的生物鹽可與番茄纖維相連結，透過消化系統排出體外，由於人體需要生物鹽分解腸內脂肪，而人體需要用膽固醇補充生物鹽，使血中膽固醇含量減少，因此起到防治動脈粥樣硬化的作用；番茄的維他命 B 還可保護血管，防治高血壓。

(5) 抗癌，防衰老：番茄內的蕃茄紅素具有獨特的抗氧能力，能清除自由基，保護細胞，使去氧核糖核酸及基因免遭破壞，能阻止癌變進程。它含有谷胱甘肽的一種物質，這種物質在體內含量上升時，癌症發生率則明顯下降。此外，這種物質可抑制酪胺酸酶的活性，使人沉著的色素減退消失，雀斑減少，起到美容作用。

(6) 抗疲勞，護肝：番茄中所含的維他命 B1 有利於大腦發育，緩解腦細胞疲勞；所含的氯化汞，對肝臟疾病有輔助治療作用。

【附方】

(1) 高血壓：番茄兩個洗淨，連續半個月在早上吃。

(2) 預防小兒軟骨病：番茄洗淨切塊，與豬骨同煮湯，長期服食。

(3) 胃熱口乾苦：番茄榨汁 15 毫升，山楂榨汁 15 毫升，兩者混合服用，1 日 2 ～ 3 次。

【養生食譜】

牛奶番茄

【原料】鮮奶 200 毫升，番茄 250 克，鮮雞蛋 3 個。

【製作】先將番茄洗淨，切塊待用；澱粉用鮮奶調成汁，雞蛋煎成荷包蛋待用；鮮奶汁煮沸，加入番茄、荷包蛋煮片刻，然後加入精鹽、白糖、花生油、胡椒粉調勻即成。

【功效與特點】

此湯羹鮮美可口，營養豐富，具有健脾和胃，補中益氣之功效，適用於年老體弱，脾胃虛弱宜食之。

番茄炒肉片

【原料】精肉、番茄各 200 克，菜豆角 50 克，蔥、薑、蒜各適量。

【製作】先將豬肉切成薄片，番茄切成塊狀；菜豆角去筋，洗淨，切成段狀；炒鍋放油 50 毫升，火燒至七成熱，先下肉片、蔥、薑、蒜煸炒，待肉片發白時，再下番茄、豆角、鹽略炒。鍋內加湯適量，稍燜煮片刻，起鍋時再加味精少許，攪勻即可。

【功效與特點】

此菜具有健胃消食，補中益氣的功效，對於脾胃不和，食慾不振患者尤為適宜。

糖拌番茄

【原料】番茄 4 個，綿白糖 100 克。

【製作】先將番茄洗淨，用開水燙一下，去蒂和皮，一切兩半，再切成月牙塊，裝入盤中，加糖，拌勻即成。

【功效與特點】

此菜具有生津止渴，健胃平肝的功效，適用於發熱、口乾口渴、高血壓等病症。

番茄豆腐羹

【原料】番茄、豆腐各 200 克，毛豆米 50 克，白糖少許。

【製作】將豆腐切片，入沸水稍焯，瀝水待用；番茄洗淨，沸水燙後去皮，剁成蓉，下油鍋煸炒，加精鹽、白糖、味精，炒幾下待用;毛豆米洗淨;油鍋下清湯、毛豆米、精鹽、白糖、味精、胡椒粉、豆腐，煮沸入味。用溼澱粉勾芡，下番茄醬汁，推勻，出鍋即成。

【功效與特點】

此羹具有健補脾胃，益氣和中，生津止渴之功效，適用於脾胃虛寒，飲食不佳，消化不良，脘腹脹滿等病症。常人食之，強壯身體，防病抗病。

芙蓉番茄

【原料】蛋清 50 克，番茄 100 克，香腸 15 克，料酒、味精、澱粉、植物油各適量。

【製作】番茄洗淨，去皮去籽，切成塊；香腸切成薄片，澱粉加熟油、味精，用水調成薄糊；蛋清用筷攪散，邊攪邊倒入澱粉糊中拌勻；炒鍋置旺火上燒熱，加入油，燒至四成熱，將蛋清糊分批推入，至凝結後撈出，即成「芙蓉」；炒鍋留底油燒熱，推入番茄、香腸，略加煸炒，加入料酒、精鹽、味精和少量清湯，燒開後用水澱粉勾芡，倒入芙蓉翻炒片刻即成。佐餐食用。

【功效與特點】消脂減肥。適用於肥胖者。

番茄豬肉盅

【原料】番茄 4 個，豬肉 125 克，水發海參 20 克，蝦 30 克，水發干貝丁、冬筍丁、水發香菇丁、豌豆各 15 克，熟雞肉丁 40 克，料酒、精鹽、味精、花椒水、蔥花、薑末、雞湯各適量。

【製作】將豬肉剁成餡，加雞湯、料酒、味精、精鹽、花椒水調勻。海參、香菇、冬筍、雞肉、干貝、蝦同放入肉餡內，加少許蔥花、薑末、豌豆攪勻。將番茄洗淨，由蒂根處開一方口，把瓤挖出三分之一，將肉餡等物灌入番茄內，再將番茄蒂根蓋嚴，擺在碗內上籠蒸熟。鍋內放雞湯、料酒、精鹽、味精、花椒水，用溼澱粉勾芡，澆在番茄上即成。佐餐食用，每週 2 ～ 3 次。

【功效與特點】

補腦養智，強壯身體。適用於智力發育不良者，老年記憶力減退及知識工作者。

番茄蛋糕

【原料】雞蛋 3 顆，肉末 50 克，海米和炸花生米各 20 克，番茄 2 個，花生油 20 克，蔥末、薑末各 10 克，另精鹽、味精和料酒各少許。

【製作】雞蛋敲入碗內，攪打均勻；海米、花生米剁碾成末，放入碗內，加肉末、蛋液、薑末、蔥末、精鹽、味精、料酒，攪拌均勻；花生油放入炒鍋內，倒入混合好的蛋液，用微火燜 15 分鐘，取出晾涼，切成圖案花樣；番茄切成大薄片，擺在盤子的周圍，切好的蛋糕放在盤子中間即成。佐餐食用。

【功效與特點】健胃養血。適用於脾胃虛弱、食納不佳、貧血乏力者。

番茄塊拌蘆薈

【原料】番茄 250 克，蘆薈，芫荽，細香蔥。

調味料：麻油，味精，鮮醬油。

【製作】

(1) 將番茄洗淨，去掉果蒂後，切成丁塊，裝入盆內。

(2) 把蘆薈葉肉取出，在開水中煮燒 3 ～ 5 分鐘，撈出，切 10 克蘆薈葉肉成丁，鋪在番茄上。

(3) 麻油、味精、鮮醬油、細香蔥兌成汁，澆在面上。

(4) 番茄周邊擺放芫荽嫩葉。

【功效與特點】酸甜可口，富含維他命 C 和蘆薈素，清熱解毒。

油醋淋番茄

【原料】紅番茄 4 個，青蘆筍 200 克，洋蔥末 1 大匙。

調味料：油醋醬汁，蘋果醋 2 大匙，玉米油 4 大匙，鹽 1/2 茶匙，糖 1/2 茶匙，白胡椒粉少許。

【製作】

(1) 番茄洗淨切去蒂頭，以開水汆燙泡冷後，剝去外皮，分切成 6 ～ 8 份排於盤中。

(2) 青蘆筍削去老皮切成 5cm 長短，以開水汆燙至熟後沖涼泡冷，撈出排於盤邊，再淋上以所有調味料拌勻的油醋醬汁即可。

【宜忌】

番茄其性微寒，脾胃虛寒者，不宜多食。風溼性關節炎患者不宜多吃，否則會使病情惡化。未紅番茄不能食用，其中所含的番茄鹼會使人產生頭暈、噁心、嘔吐和倦怠等中毒症狀。

香蕉

【簡介】為芭蕉科植物甘蕉的果實。又名甘蕉、蕉果、蕉子。香蕉是世界上古老而著名的果品之一，起源於東南亞的馬來西亞、印度和中國南方，已有數千年的栽培歷史。古人稱香蕉為長腰黃果。香蕉具有提高免疫力、預防癌症效果，一天吃 2 根香蕉，就能有效改善體質；此外，香蕉價廉、易食、攜帶又方便，是維持健康的營養素，真可說是「神奇的水果」。

【性味】性寒，味甘；入肺、大腸經。

【功效主治】

清熱生津，潤腸解毒，養胃抑菌、降壓降糖。主治熱病傷津、煩渴喜飲、便祕、痔血等病症。

【食療作用】

(1) 補充營養：香蕉含有大量的糖類物質及人體所需的多種營養成分，必要時可以充飢，補充營養及能量。

(2) 清腸熱，通大便：香蕉為性寒味甘之品，寒能清腸熱，甘能潤腸通便，常用於治療熱病煩渴，大便祕結之症，是習慣性便祕患者的良好食療果品。

(3) 治療脂肪痢：香蕉果糖與葡萄糖之比為 1 ： 1，這種天然組成比例，使香蕉成為治療脂肪痢的佳果。

(4) 保護胃黏膜：動物實驗證明，香蕉能緩和胃酸的刺激，所含的血清素能降低胃酸，對胃黏膜有保護作用，對胃潰瘍有改善作用。未成熟的香蕉中存在一種化學物質，能增強胃壁的抗酸能力而使其不受胃酸的侵蝕，且能促進胃黏膜的生長，起到修復胃壁的作用。

(5) 降血壓；香蕉中含有血管收縮素轉化酶抑制物質，可抑制血壓升高，對降低血壓有輔助作用。

(6) 抑菌解毒：香蕉果肉甲醇提取物的水溶性部分，對細菌、真菌有抑制作用，對人體具有消炎解毒之功效。

(7) 防癌抗癌：香蕉中含有大量的碳水化合物、粗纖維，能將體內致癌物質迅速排出體外，其經細菌消化生成的丁酸鹽是癌細胞生長的強效抑制物質。此外，血清素也能保護胃黏膜，改善胃潰瘍，預防胃癌。因此香蕉是一種較好的防癌、抗癌果品。

【附方】

(1) 治高血壓，動脈硬化，冠心病：每日吃香蕉3～5根，或飲香蕉茶（製法：以50克香蕉研碎，加入等量的茶葉中，再加適量糖，每次服一小杯，每日飲3次；或香蕉梗25克，白菜根1個，水煎加適量冰糖服用；或香蕉皮或果柄30～65克水煎服，每日2次。）

(2) 治日本腦炎：可用鮮香蕉根適量，去除根皮，洗淨搗爛取汁，蜂蜜調勻，每次服100～250毫升，每日3～4次，昏迷者插鼻胃管給藥。重型病便應配合藥物治療。

(3) 治腸熱痔瘡出血，大便乾燥：每晚睡前吃2～3個香蕉，有止血潤便之功。

(4) 治子宮脫垂：可取香蕉花（凋謝落地者）炒黃存性研末，每次1湯匙，每日2次，開水送服。或香蕉根60克，水煎，每日1劑。

(5) 治白喉：香蕉皮60克，水煎服，每日3次。

(6) 治急性眼角膜炎：香蕉1個，取皮食果，用皮貼敷患眼即感涼爽，有消炎的作用。

(7) 治燙傷：將香蕉去皮、搗爛、擠汁，塗敷患處，每日2次。

(8) 治手足皸裂：用香蕉1個（皮發黑的較好），放在爐旁焙熱後備用。每晚熱水洗手足後，取香蕉少許擦患處，磨擦片刻，一般連用數日即癒。

(9) 防治小兒癤腫：香蕉花1～2枚，水煎服。此法還可預防中暑。

(10) 治燥熱咳嗽，日久不癒，痔瘡便祕：香蕉1～2個，加冰糖適量。隔水燉服，每日1～2次，連服數日。

【養生食譜】

香蕉粥

【原料】新鮮香蕉 250 克，冰糖、粳米各 100 克。

【製作】先將香蕉去皮，切成丁狀；粳米淘洗乾淨，以清水浸泡 120 分鐘後撈出瀝乾；將鍋放火上，倒入 1000 毫升清水，加入粳米，用旺火煮沸，再加入香蕉丁、冰糖，改用小火熬 30 分鐘即成。

【功效與特點】

本粥具有養胃止渴，滑腸通便，潤肺止咳之功效。適宜於津傷煩渴、腸燥便祕、痔瘡出血、咳嗽日久及習慣性便祕、高血壓、動脈硬化等患者食用。無病者食之可強身健體，補脾潤肺。

香蕉橘子汁

【原料】新鮮香蕉、橘子各 100 克，蜂蜜 30 毫升。

【製作】先將香蕉去皮並搗爛成泥，橘子洗淨搗爛取汁；將橘子汁混入香蕉泥中，再加入蜂蜜並調勻即可飲用。每日 2 次，連服數日。

【功效與特點】

本汁具有清熱解毒，潤腸通便，止咳化痰之功效。可用於治療虛火上炎，大便祕結，痰多咳嗽等病症。

油炸香蕉夾

【原料】香蕉 1000 克，花生油 1000 毫升，豆沙餡 125 克，蛋清 150 毫升，白糖 150 克，京糕 100 克。

【製作】先將香蕉去皮，切成長方形片，京糕碾成泥備用；香蕉片鋪平，用京糕泥抹勻香蕉片的三分之一，並在上面蓋一片香蕉片，抹上一層豆沙餡，再蓋上一層香蕉片，然後用手將其輕輕壓實，即成香蕉夾；蛋清放入碗內，用筷子沿一個方向不斷攪動成泡沫狀，再加入澱粉拌成蛋清糊；將鍋置火上，加入花生油，燒至六成熱後，把香蕉夾放入蛋清糊中掛糊，投入鍋中，炸成金黃色撈出，擺入盤內，撒上白糖即成。

【功效與特點】

本食具有健脾胃，潤腸燥的功效。適宜於脾胃虛弱、飲食減少、腸燥便祕、痔瘡出血等病症。高血壓、動脈硬化症患者食用亦有較好的輔助治療作用。

香蕉百合銀耳湯

【原料】乾銀耳 15 克，鮮百合 120 克，香蕉 2 根，枸杞 5 克。

調味料：冰糖 100 克，水 3 杯。

【製作】

(1) 乾銀耳泡水 2 小時，揀去老蒂及雜質後撕成小朵，加水 4 杯入蒸籠蒸半個小時取出備用。

(2) 新鮮百合撥開洗淨去老蒂。

(3) 香蕉洗淨去皮，切為 0.3 公分的小片。

(4) 將所有材料放入燉盅中，加調味料入蒸籠蒸半個小時即可。

【功效與特點】此湯具養陰潤肺，生津潤腸之效。

糖醋香蕉夾鮮魚

【原料】石斑 1 支（約 1 斤半），香蕉 2 根，洋蔥丁 1/3 粒，葡萄乾 50 克，青豆仁 50 克，番茄丁 1 粒，蔥段 2 根，薑片 2 片，雞蛋 2 個，海苔 2 張。

調味料：(1) 鹽 1/3 茶匙，酒 1 茶匙，白胡椒少許；(2) 番茄醬 3 大匙，糖 3 大匙，白醋 2 大匙，鹽 1/3 茶匙，太白粉 1 大匙，水 1/2 杯；(3) 麵粉半杯，蛋 1 個。

【製作】

(1) 石斑洗淨，片去一面的肉，切成薄片後與調味料（1）拌醃 20 分鐘備用。

(2) 香蕉切成長條，海苔亦切條。

(3) 先將香蕉以海苔捲起，再以片開的魚肉包裹海苔卷，蘸裹以調味料（3）調勻的麵糊後，下油鍋以中火炸至金黃色撈出；另將剩下含頭尾的石斑魚放入油中，以中火炸至酥脆。

(4) 炒鍋燒熱，入油一大匙，先爆香蔥、薑及洋蔥丁，再入番茄丁和青豆仁翻炒，最後入調味料（2），炒至小滾後勾芡。

(5) 將炸酥的半邊魚身上放炸好的魚捲，上淋作法（4）之醬汁即可。

金橘香蕉

【原料】香蕉 500 克，金桔醬 2 大匙，玉米粉半杯，雞蛋 2 顆，雞蛋粉 1 大匙。

【製作】

(1) 雞蛋打散加水 1/3 杯和玉米粉、雞蛋粉拌成麵糊。

(2) 香蕉去皮，切兩瓣後再切為一寸長備用。

(3) 平底鍋燒熱，入 1/3 杯油，將香蕉蘸裹麵糊入鍋煎至金黃後，直接淋上金橘醬即可。

【功效與特點】可幫助消化。

高麗香蕉

【原料】香蕉 600 克，蛋清 6 個，玉米粉半杯，雞蛋粉 1 大匙。

調味料：椒鹽 1 大匙，番茄醬 1 大匙。

【製作】

(1) 將蛋清打發後，加入玉米粉和雞蛋粉拌成糊狀備用。

(2) 香蕉去皮切為四瓣再切成一寸長，入調好的麵糊中拌勻。

(3) 油鍋入油 4 杯燒至四分熱後，入香蕉以慢火炸至外皮酥脆金黃即可排盤。

(4) 食用時可搭配椒鹽或番茄醬。

【宜忌】

香蕉性寒滑腸，脾胃虛寒，便溏腹瀉者不宜多食、生食；胃酸過多者不可食用，急慢性腎炎及腎功能不全者忌食；香蕉不宜和甘薯同食。

杏

【簡介】為薔薇科植物杏或山杏的果實。又名杏、杏實、甜梅。杏以果實早熟、色澤鮮豔、果肉多汁、風味甜美、酸甜適口為特色，在春夏之交的果品市場上占有重要位置，深受人們的喜愛。杏果實營養豐富，含有多種有機成分和人體所必須的維他命及無機鹽類，是一種營養價值較高的水果。

【性味】性溫，味甘酸；入肺、大腸經。

【功效主治】

潤肺止咳，化痰定喘，生津止渴，潤腸通便，抗癌。主治咽乾煩渴、急慢性咳嗽、大便祕結、視力減退、癌瘤等病症。

【食療作用】

(1) 生津止渴：杏子含檸檬酸、蘋果酸等，具有生津止渴的作用，故可用於治療咽乾煩渴之症。

(2) 潤肺止咳：杏子中含苦杏仁成分，其具有較強的鎮咳化痰作用，可用於治療各種急慢性咳嗽。

(3) 潤腸通便：杏子中含有杏仁油，能促進胃腸的蠕動，減少糞便與腸道的摩擦，可用於治療大便祕結。

(4) 抗癌：杏子中維他命 C、鄰苯二酚、黃酮類以及扁桃苷等在人體內具有直接或間接的抑制癌細胞作用，能夠防癌和抗癌。

(5) 保護視力：杏子的維他命 A 原含量十分豐富，有保護視力，預防眼疾的作用。

(6) 補充營養：杏子中含有多種營養物質，可補充人體營養需求，提高機體的免疫力。

【附方】

(1) 治感冒咳嗽：杏仁9克，生薑3片，白蘿蔔100克。水煎服，每日1～2次。

(2) 治哮喘：杏仁5克，麻黃30克，豆腐125克，共煮1小時，去藥渣，吃豆腐喝湯，早、晚各1次。

(3) 治老年慢性支氣管炎：用苦杏仁研碎，與等量冰糖混勻，製成杏仁糖。每日早晚各服9克，10天為一療程。或甜杏仁炒熟，每日早晚各嚼食7～10粒。

(4) 治菌痢和腸炎：青杏（將成熟者）去核，搗爛取汁，過濾去渣，用文火濃縮或在太陽下晒濃如膏狀（勿用金屬器皿），裝瓶備用。成人每次服9克（小兒酌減），每日2次。

(5) 治跌打損傷：取杏仁6克，大黃3克。水煎服。每日1～2次。

(6) 治乾咳無痰，大便燥結：南杏（不可用北杏代替）15～20克，桑白皮15克，豬肺250克。先將豬肺切成片狀，用手擠洗，去除肺氣管中的泡沫，與杏仁、桑白皮一起放入鍋中煮食。每日2次。

(7) 治肺結核，乾咳日久不癒：南杏（不可用北杏代替）12～30克，羊肺250克左右，先將羊肺切片，用手擠洗，去除泡沫，再與南杏一起放入鍋內，燉熟調味服食，每日1次。

(8) 治慢性支氣管炎、肺燥乾咳：取南杏15克，北杏3克，用清水泡軟去皮。稻米50克，清水泡軟，與南、北杏一起搗爛，加清水及冰糖適量煮成稠糊服食。或取北杏10克，豬肺250克左右（切塊擠洗乾淨肺中泡沫），加水適量燉湯，將熟時沖入薑汁1～2湯匙，用食鹽少許調味，飲湯食豬肺。每日1次。

(9) 治秋冬燥咳：苦杏仁10克，雪梨1個，白砂糖40克～50克，清水250克，燉1小時，食梨飲湯。每日1～2次。

(10) 治肺腎陰虛久咳，久喘：取甜杏仁和核桃仁各250克，蜂蜜500克，將甜杏仁洗淨，放入鍋中加適量水，用大火煮沸後改文火煎熬 1 小時左右，將核桃仁切碎，倒入其中，上火待黏稠時，加入蜂蜜攪勻，再煮沸即成蜜餞雙仁，放入糖罐中備用，每次 3 克，每日 2 次。

【養生食譜】

杏子豆腐

【原料】杏子 100 克，稻米 50 克，白糖 150 克，凍粉 10 克，蜂蜜 20 毫升。

【製作】將杏子水浸泡後，剝去外皮，切碎備用；稻米淘淨，與杏子加水磨成漿，再以紗布過濾取汁；凍粉洗淨，放入鍋內，加水 100 毫升，上籠蒸 20 分鐘取出，再用紗布濾去雜質；將鍋放火上，先放入凍粉汁、杏子漿，煮沸後晾涼即成杏子豆腐，以小刀劃小塊裝盤；將鍋放火上，加適量清水、白糖、蜂蜜，煮沸後起鍋，淋於杏仁豆腐之上即可食用。

【功效】

此餚具有生津潤燥的功效，適用於唇乾口渴，肺虛久咳，乾咳少痰，大便乾結及慢性氣管炎，老年性便祕，產後便祕等病症。常人食之，可強身健體。

杏子雪梨

【原料】杏子 2 枚，雪梨 1 個。

【製作】雪梨洗淨，削去梨皮，並將梨中間挖一大孔備用；杏子洗淨剝去皮並搗爛；將搗爛的杏子納入梨中大孔內，隔水蒸 20 分鐘至爛熟後食用。

【功效與特點】

本食具有清肺潤燥，止咳的功效，適用於燥熱咳嗽之病症。

金銀菜豬肺湯

【原料】豬肺 1 具，杏子 100 克，蜜棗 10 個，白菜 200 克，菜乾 50 克。

【製作】豬肺洗淨切片，杏子、蜜棗洗淨備用；白菜揀好洗淨，菜乾以溫水浸開，並洗淨切成段；將清水 1000 毫升盛於鍋中，以旺火煮沸，然後將豬肺片、杏子、蜜棗、菜乾下到沸水中，改小火燒 30 分鐘，再加入白菜、調味料，繼續燒 5 分鐘起鍋即成。

【功效與特點】

此湯具有補肺潤燥、止咳、防止便祕的功效。適用乾燥熱咳嗽、老年人及產婦便祕、體虛乏力、慢性咳喘等病症。

杏子大棗湯

【原料】杏子、大棗各 5 個，生薑 3 片。

【製作】以上三物洗淨放入鍋中，加清水 200 毫升，先用旺火煮沸，後以小火煎 20 分鐘，趁溫服食。

【功效與特點】

此湯具有宣肺化痰的功效。適宜於肺寒咳嗽，痰多稀薄的患者食用。

杏子羹

【原料】杏子 750 克，玉米粉 50 克，白糖 75 克，桂皮 3 克。

【製作】

(1) 將杏子洗淨，去皮、核，將一半放入開水鍋中稍煮，待煮軟後同湯一起過籮，製成杏泥。

(2) 另一半杏子切成丁，放入杏泥中，加入白糖、桂皮煮熟，再用玉米粉調節濃度，微沸後取出，涼後放入冰箱，冷卻後取出即成。

【功效與特點】

清涼爽口，甜酸適度。本甜品營養豐富，尤其是維他命 B12 含量最豐富，對癌細胞有明顯的抑制作用。

【宜忌】

杏子甘甜性溫，易致熱生瘡，平素有內熱者慎食。現代研究發現，杏子中苦杏仁可分解成氰化氫，不可生食和多食。

薜荔果

【簡介】為桑科植物薜荔的果實。又名木饅頭、木蓮、牛奶子、牛奶油、辟萼果等。

秋季花序托成熟後採摘，去柄，晒乾。其莖葉亦作藥用。

【性味】性平，味淡酸微苦；入肝、脾、大腸經。

【功效主治】

祛風利溼，清熱解毒，補腎固精，活血通經，催乳消腫。主治風溼痺痛、小便淋濁、腎虛造精、陽痿、瀉痢、閉經、疝氣、乳汁不下、咽喉疼痛、痄腮疥癬、癰腫瘡癤、跌打損傷等病症。

【食療作用】

(1) 祛風利溼：薜荔果中含有脫腸草素、佛手柑內酯等，具有抗風溼的作用，可用於治療風溼痺痛。

(2) 清熱消腫，活血止痛：薜荔果中含有多種有機酸、脫腸草素、芸香苷、蒲公英賽醇乙酸酯等，具有清熱涼血，活血消腫的效果，可用於治療癰腫瘡癤，跌打損傷等病症。

(3) 補腎固精：薜荔果中含有大量的酸性物質，具有收澀之功，可治療因腎虛精室不固而導致的遺精、陽痿等病症。

(4) 防癌抗癌：薜荔果乙醇浸出液中可分離出內消旋肌醇、芸香苷、B- 谷甾醇、蒲公英賽醇乙酸酯及 B- 香樹脂酸乙酸酯等，具有抗腫瘤、抑制癌細胞生長的作用，可以防癌抗癌。

【附方】

(1) 乳汁不下：薜荔果 2 個，豬前腳 1 隻，同煮食並飲汁。

(2) 懷孕後胎動不安，先兆流產：薜荔嫩枝葉 30 克，苧麻根 15 克，水煎，加雞蛋 3 顆，煮熟後吃蛋（蛋煮時碎其殼再煮之）。

(3) 產後腰痛，勞傷，扭傷，腰痛：鮮果 3 個切碎，加黃酒和水合煎，一日 2 次服。

(4) 陽痿，遺精：薜荔莖、藤 15 ～ 18 克，加黃酒和水合煎服。

(5) 關節炎：薜荔莖 120 ～ 150 克，燒酒 500 克，浸 14 天後，過濾去渣，每日 2 次，飯後適量飲用。

(6) 癰疽腫毒初起：乾果焙燥研末，每服 9 克。或用乾莖 9 ～ 15 克，水煎服。

【養生食譜】

薜荔果水

【原料】鮮薜荔果 100 克，紅糖 50 克，白燒酒 30 毫升。

【製作】將鮮果洗淨，以刀切開，放入瓦罐中，加入白酒和清水，中火煎 20 分鐘後，再加入紅糖，不斷攪拌直至溶化即成。每日 1 次，晚上睡前服。

【功效與特點】

本糖水具有通經活絡，消腫止痛的效果。適用於跌打損傷、腰痛、關節疼痛等病症。

薜荔豬肉

【原料】新鮮薜荔 150 克，精豬肉 500 克，料酒 50 毫升，調味料若干。

【製作】將薜荔果洗淨，以刀切開備用；豬肉洗淨，切成 3 公分見方的肉塊備用；將豬肉、薜荔果同放瓦罐中，加入料酒、適量清水、少許精鹽，薑 1 塊拍碎，先用旺火煮沸，改用小火燜 45 分鐘，調入味精，即可食用。

【功效與特點】

本餚能健脾養血，通經活絡。適宜於病後體虛患者食用。健康者食之，亦可強身體，利關節。

薜荔涼粉

【原料】新鮮薜荔果 100 克，吉利丁粉兩大匙，冰糖 120 克，柳橙香料適量。

薜荔果

【製作】先將吉利丁粉加少量冷水調勻，放入鋁鍋內，以旺火煮沸，加入研碎的冰糖 50 克及柳橙香料充分攪拌令其溶化，待冷卻後備用；薜荔果洗淨搗爛，加清水 250 毫升，以瓦罐煎 20 分鐘，後濾出果汁；將已凝固成型的吉利丁粉切成塊，放入果汁中，加入剩餘的冰糖，放入冰箱中冷藏即成。

【功效與特點】

本涼粉具有清熱涼血，生津止渴的功效，適宜於暑熱中暑患者食用。

【宜忌】脾胃功能較差者不宜多食，胃及十二指腸潰瘍者忌食。

楊梅

【簡介】為楊梅科植物楊梅的果實。又名白蒂梅、樹梅。古稱「機子」，又名珠紅、龍睛。李時珍《本草綱目》說它「形如水楊子，而味似梅」，故稱楊梅。楊梅樹常綠，樹冠整齊，圓滿如傘。樹葉密生，二三月間，在葉腋間開黃紅色小花。五六月果熟，圓球形狀，外部有多數小顆粒的突起。楊梅不僅營養豐富，而且藥用價值極高。楊梅具有止煩渴、和五臟、滌腸胃、除惡氣之功效，對於虛火上炎、口渴煩熱、腸胃不適等症有一定療效。

【性味】性溫，味甘酸；入肺、脾、胃經。

【功效主治】

生津解渴，和胃止嘔，運脾消食。主治煩渴、吐瀉、脘腹脹滿、疼痛、食積不化等病症。

【食療作用】

(1) 增進食慾：楊梅含有多種有機酸，維他命C的含量也十分豐富，鮮果味酸，食之可增加胃中酸度，消化食物，促進食慾。

(2) 祛暑生津：楊梅鮮果能和中消食，生津止渴，是夏季祛暑之良品，可以預防中暑，去痧，解除煩渴。

(3) 抑菌止痢：實驗研究顯示，楊梅對大腸桿菌、痢疾桿菌等細菌有抑制作用，能治痢疾腹痛，對下痢不止者亦有良效。而楊梅樹皮含鞣質、大麻苷、楊梅樹皮苷等，也是主治痢疾、目翳、牙痛、惡瘡疥癩等病症的良品。

(4) 收斂消炎，止瀉：楊梅性味酸澀，具有收斂消炎作用，加之其能夠抑菌，故可治各種泄瀉。

(5) 防癌抗癌：楊梅中含有維他命C、B，對防癌抗癌有正向作用。楊梅果仁中所含的脂肪油等也有抑制癌細胞的作用。

【附方】

(1) 治腹瀉：楊梅用食鹽醃製備用，越陳越好。需時取數枚泡水服食，每日2～3次。

(2) 治胃痛：楊梅（白種）根30克，洗淨切碎，雞1隻（去頭，足和內臟），加適量水用文火燉2小時，吃雞飲汁。每日1～2次。

(3) 治痢疾，預防中暑：適量楊梅，浸於酒中3天，每次食楊梅5個，每日2～3次。

(4) 治疝氣：楊梅新根60克，洗淨，切碎，水煎，酌加酒或紅糖調服。每日2次。

(5) 治鼻息肉：楊梅（連核）和冷飯適量，充分搗爛，敷患處。每日1次。

(6) 治牙周炎症：鮮楊梅根適量，充分搗爛，調入少量食鹽，敷患處。每日1～2次。

(7) 治疥癬：樹皮或根皮適量洗淨、切碎，水煎湯洗患處。每日2～3次。

(8) 治水火燙傷：楊梅果燒灰研細末存性，調菜油塗敷。或楊梅樹皮以煅炭研細末存性，調菜油塗敷，也可用楊梅樹皮2份，煅炭研細末存性，黃柏粉1份共混勻，調麻油塗患處，每日3次。

(9) 治處傷腫痛：楊梅樹皮粉30克，水煎後沖黃酒少量服用。每日3次。

(10) 治骨折：楊梅樹皮粉30克，地鱉蟲30克，用樟腦、酒精調和外敷。每日1次。

(11) 治腹痛，泄瀉：鮮楊梅不限量，洗淨浸泡乾果酒中，3天後便可食用。每日2次，每次3枚。

(12) 預防中暑治療腹瀉：鮮楊梅500克，洗淨，加白糖50克，共同搗爛放入瓷罐中，自然發酵一週成酒。用紗布濾汁，即為12度楊梅甜酒。如甜度不夠可加適量白糖，再置鍋中煮沸，停火待冷裝瓶，密閉保存。陳久為良。夏季佐餐隨量飲用。

【養生食譜】

楊梅甜酒

【原料】新鮮楊梅 500 克，白糖 50 克。

【製作】楊梅洗淨後加入白糖，共同搗爛放入瓷罐中，自然發酵 1 週後成酒，用紗布濾汁（若甜度不夠可加適量白糖），再置鍋中煮沸，停火冷卻後，裝瓶密封保存。越陳久者越好，隨量飲用。

【功效與特點】此酒具有清解暑熱，祛止瀉的功效，也可用於預防中暑及治療暑熱泄瀉。

楊梅浸酒

【原料】成熟楊梅若干，高粱酒適量。

【製作】選上好楊梅後洗淨，浸入高粱燒酒中（酒量以浸沒楊梅為度）密封 1 週備用。需要時食楊梅 2 ～ 3 枚或飲服楊梅酒半盅。

【功效與特點】

此酒具有祛寒消食止痛的功效。對虛寒性泄瀉，脘腹冷痛及發疾吐瀉等病症具有輔助食療的作用。

楊梅糕

【原料】楊梅 20 枚，麵粉 50 克，鮮奶 250 毫升，白糖 250 克，雞蛋 4 顆，熟豬油 200 克。

【製作】楊梅用淡鹽水洗淨，榨取楊梅汁，取容器一個，倒入麵粉、白糖、牛奶，打入雞蛋，再加入豬油、楊梅汁及適量清水，攪拌均勻，製成稀稠適中的糊狀物；容器上籠，蒸約 45 分鐘至熟透後取出，放涼後切塊，再放入電烤爐，烤至金黃色時取出，裝盤即成。

【功效與特點】

此糕具有生津止渴，開胃消食，通利腸腑的功效。適用於津傷煩渴、食慾不振、消化不良、腸腑積滯及久病體虛等病症。無病者食之可強壯身體。

醃楊梅

【原料】楊梅若干，食鹽適量。

【製作】楊梅洗淨後，用食鹽醃製備用，越久越好。用時取數顆泡開水服。

【功效與特點】

此楊梅具有理氣消積，除脹的作用。適用於食積不化，胃腸脹滿等病症。

楊梅蜜飲

【原料】楊梅 2000 克，蜂蜜適量。

【製作】將楊梅去雜洗淨，搗爛濾出汁水，放砂鍋內煮沸，加入適量蜂蜜和水再煮沸即成。

【功效與特點】

此蜜飲具有生津潤燥，補中和胃的功效。對於肺燥乾咳、虛勞久咳、痢疾、腹痛等病症有一定輔助食療效果。

【宜忌】

(1) 楊梅有核無皮，果肉為許多肉柱狀，因此吃時一定要注意衛生。光沖洗還不夠，最好是放在淡鹽水裡浸泡 5 分鐘，即可殺菌，又能減緩酸味。

(2) 楊梅果極不易儲藏，可入鹽水浸泡晒乾，梅色如初美好，可保持數日。

(3) 楊梅味酸，不宜多食，多食則損齒損筋；潰瘍病患者慎食；此外，其性溫熱，內熱火旺體質亦不宜多食。

楊桃

【簡介】為酢漿草科植物楊桃的果實。又名楊桃、五斂子、三稜子、風鼓、山斂等。又因橫切面如五角星，故又稱之為「星梨」。楊桃果實形狀特殊，顏色呈翠綠鵝黃色，皮薄如膜，肉脆滑汁多，甜酸可口。除含糖 10% 外，還含有豐富的維他命 A 和 C，是久負盛名的嶺南佳果之一。

【性味】性寒，味甘酸；入肺、心、小腸經。

【功效主治】

清熱生津，下氣和中，利尿通淋。主治風熱咳嗽、口瘡齦腫、煩渴、小便不通等病症。

【食療作用】

(1) 補充營養：楊桃中所含的大量糖類及維他命、有機酸等，是人體生命活動的重要物質，常食之，可補充機體營養，增強機體的免疫力。

(2) 利小便，解酒毒，生津止渴：楊桃中糖類、維他命 C 及有機酸含量豐富，且果汁充沛，能迅速補充人體的水分而止渴，並使體內鬱熱或酒毒隨小便排出體外。

(3) 和中消食：楊桃果汁中含有大量草酸、檸檬酸、蘋果酸等，能提高胃液的酸度，促進食物的消化而達和中消食之效。

(4) 清熱利咽：楊桃果實中含有大量的揮發性成分、胡蘿蔔素類化合物、糖類、有機酸及維他命 B、C 等，可消除咽喉炎症及口腔潰瘍，防治風火牙痛。

【附方】

(1) 治風熱咳嗽，咽喉痛：楊桃 2 個，生食，或楊桃 2 個，榨汁，崩大碗 60 克，榨汁，兩汁混合飲，每日 2 ～ 3 次。

(2) 治遺精：楊桃根 60 克，金櫻子 20 克，杜仲 20 克，菟絲子 15 克，淫羊藿 20 克。水煎服，每日 2 次。

(3) 治慢性頭痛：楊桃根 60 克，川芎 9 克，杞子 12 克，菊花 9 克，天麻 9 克，白芍 30 克。水煎服，每日 2 次。

(4) 治關節疼痛：楊桃根 100 克，桂枝 9 克，獨活 9 克，桑寄生 30 克，雞血藤 30 克。水煎服，每日 2 次。

(5) 治寒熱往來，口苦咽乾：乾楊桃花 15 克，柴胡 9 克，黃芩 9 克。水煎服，每日 2 次。

【養生食譜】

鮮楊桃汁

【原料】新鮮楊桃 3 個。

【製作】以清水洗淨，用水果刀將之切成果肉丁，並搗爛絞汁；將果汁倒入杯中，加溫開水 100 毫升調勻，每日服用 2 次。

【功效與特點】

此汁具有清熱祛風，止痛消腫的功效，適宜於關節紅腫疼痛的患者飲用。

醋漬楊桃

【原料】新鮮楊桃 1 枚，紅醋 50 毫升。

【製作】將楊桃以清水洗淨，後用水果刀一分為二；將鮮果放入杯中，加紅醋浸 10 分鐘後取出，慢慢嚼服。

【功效與特點】

此桃具有消食和中的功效，可用以治療消化不良，胸悶腹脹等病症。

糖漬楊桃

【原料】新鮮楊桃 100 克，白糖 50 克。

【製作】用清水將楊桃洗淨，後用水果刀將之切開，擺入盤中。將白糖均勻撒在鮮果上，醃 30 分鐘後，慢慢嚼服。

【功效與特點】

此桃具有消暑利水的功效，適用於傷暑傷溼所引起的腹瀉。

楊桃芡米粥

【原料】楊桃、晚米各 100 克，芡米 50 克，白糖 50 克。

【製作】楊桃洗淨，切成果丁，晚米以清水淘洗乾淨。將楊桃丁、芡米、晚米同放入一大瓦罐中，加清水 750 毫升，以小火慢燉 60 分鐘，再加入白糖即成。

【功效與特點】

該粥具有健脾益胃的功效，可作為大病初癒患者的主食。健康人食之能增進食慾，強身健體。

【宜忌】楊桃性寒，凡脾胃虛寒、納差泄瀉者，宜少食之。

櫻桃

【簡介】為薔薇科植物櫻桃的成熟果實。又名朱櫻、朱果、家櫻桃、荊桃。櫻桃成熟期早，有「早春第一果」的美譽，櫻桃成熟時顏色鮮紅，玲瓏剔透，味美形嬌，營養豐富，含鐵量高，具有促進血紅蛋白再生，對貧血患者有一定的補益作用。因此，又有「含桃」的別稱。

【性味】性溫，味甘微酸；入脾、肝經。

【功效主治】

補中益氣，祛風勝溼。主治病後體虛氣弱，氣短心悸，倦怠食少，咽乾口渴，及風溼腰腿疼痛，四肢不仁，關節屈伸不利，凍瘡等病症。

【食療作用】

(1) 抗貧血，促進血液生成：櫻桃含鐵量高，位於各種水果之首。鐵是合成人體血紅蛋白、肌紅蛋白的原料，在人體免疫、蛋白質合成及能量代謝等過程中，發揮著重要的作用，同時也與大腦及神經功能、衰老過程等有著密切關係。常食櫻桃可補充體內對鐵元素量的需求，促進血紅蛋白再生，既可防治缺鐵性貧血，又可增強體質，健腦益智。

(2) 防治麻疹：麻疹流行時，讓小兒飲用櫻桃汁能夠預防感染。櫻桃核則具有發汗透疹解毒的作用。

(3) 祛風勝溼，殺蟲：櫻桃性溫熱，兼具補中益氣之功，能祛風除溼，對風溼腰腿疼痛有良效。櫻桃樹根還具有很強的驅蟲、殺蟲作用，可驅殺蛔蟲、蟯蟲、條蟲等。

(4) 收澀止痛：民間經驗顯示，櫻桃可以治療燒燙傷，起到收斂止痛，防止傷處起泡化膿的作用。同時櫻桃還能治療輕、重度凍傷。

(5) 養顏駐容：櫻桃營養豐富，所含蛋白質、糖、磷、胡蘿蔔素、維他命 C

等均比蘋果、梨高，尤其含鐵量高，常用櫻桃汁塗擦面部及皺紋處，能使面部皮膚紅潤嫩白，去皺消斑。

【附方】

(1) 麻疹透發不快：櫻桃核 9 ～ 15 克，水煎服。或櫻桃核、芫荽子等分，加黃酒和水合煎，趁溫噴抹胸頸間（麻疹已透齊者勿用）。

(2) 蛔蟲，蟯蟲：櫻桃樹根 9 ～ 18 克，水煎服。

(3) 蛇蟲咬傷：櫻桃樹葉搗汁，每次服半酒杯，並以渣敷於患部。

【養生食譜】

櫻桃甜湯

【原料】鮮櫻桃 2000 克，白糖 1000 克。

【製作】櫻桃洗淨，加水煎煮 20 分鐘後，再加白糖繼熬一兩分鐘沸後停火備用。每日服 30 ～ 40 克。

【功效與特點】

此湯具有促進血液再生的功效，可用於輔助治療缺鐵性貧血。

冬菇櫻桃

【原料】水發冬菇 80 克，鮮櫻桃 50 枚，豌豆苗 50 克，白糖、薑汁各適量。

【製作】水發冬菇、鮮櫻桃去雜洗淨；豌豆苗去雜和老莖，洗淨切段；炒鍋燒熱，下菜油燒至五成熱時，放入冬菇煸炒透，加入薑汁、料酒拌勻，再加醬油、白糖、精鹽、鮮湯煮沸後，改為小火煨燒片刻，再把豌豆苗、味精加入鍋中，入味後用溼澱粉勾芡，然後放入櫻桃，淋上麻油，出鍋裝盤（菇面向上）即成。

【功效與特點】

此菜具有補中益氣，防癌抗癌，降壓降脂的功效。適用於高血壓、高脂血症、冠心病及癌症患者食之。

櫻桃酒

【原料】鮮櫻桃 500 克，米酒 1000 毫升。

【製作】櫻桃洗淨置壇中，加米酒浸泡，密封，每 2 ～ 3 日攪動 1 次，15 ～ 20 天即成。每日早晚各飲 50 毫升（含櫻桃 8 ～ 10 個）。

【功效與特點】

此酒具有祛風勝溼，活血止痛的功效。適用於風溼腰腿疼痛，屈伸不利及凍瘡等病症。

櫻桃醬

【原料】櫻桃 1000 克，白砂糖、檸檬汁各適量。

【製作】選用大顆、味道酸甜的櫻桃，洗淨後分別將每個櫻桃切一小口，剝去皮，去籽；將果肉和砂糖一起放入鍋內，上旺火將其煮沸後轉中火煮，撇去浮沫澀汁，再煮；煮至黏稠狀時，加入檸檬汁，略煮一下，離火，晾涼即成。

【功效與特點】

此醬具有調中益氣，生津止渴的功效。適用於風溼腰膝疼痛，四肢麻木，消渴，煩熱等病症。

櫻桃汁

【原料】櫻桃 80 克，冷開水 1 杯。

【製作】櫻桃洗淨後去核，放入果汁機中加冷開水攪成櫻桃汁，倒出供飲（可加適量白糖調味）。

【功效與特點】此汁具有潤澤皮膚的作用，可消除皮膚暗瘡疤痕。

【宜忌】

櫻桃性溫熱，不宜多食；熱性病及虛熱咳嗽者忌食；櫻桃核仁含氰苷，水解後產生氰化氫，藥用時應小心中毒。

柚子

【簡介】柚子為芸香科植物常綠果樹柚樹的成熟果實，又名朱欒、雷柚、臭橙、苞、胡柑、文旦等。在眾多的秋令水果中，柚子可算是個頭最大的了，一般都在1公斤以上。它在每年的農曆八月十五左右成熟，皮厚耐藏，一般可存放3個月而不失香味，故有「天然水果罐頭」之稱。柚子外形渾圓，象徵團圓之意，所以也是中秋節的應景水果。更重要的是柚子的「柚」和庇佑的「佑」同音，柚子即佑子，被人們認為有吉祥的含義。

【性味】性寒，味甘酸；入肺、脾經。

【功效主治】

健胃消食，化痰止咳，寬中理氣，解酒毒。主治食積、腹脹、咳嗽痰多、痢疾、腹瀉、妊娠口淡等病症。

【食療作用】

(1) 抗菌，抗病毒：柚皮苷元和橙皮素在試管內能抑制金黃色葡萄球菌、大腸桿菌、痢疾桿菌和傷寒桿菌的生長，柚皮苷對酵母和真菌等有抑制作用，對病毒感染的小鼠則有預防保護作用。柚子中的柚皮苷、橙皮苷與其他黃酮類相似，具有抗炎功效。

(2) 降低血糖：在新鮮的柚子果汁中，含有胰島素樣成分，能降低血糖，為糖尿病、肥胖症患者的食療佳品。

(3) 解痙及增強維他命C的作用：柚中所含柚皮苷元有明顯的解痙作用。而柚皮就和橙皮苷對小鼠因缺乏維他命C而致的眼球結膜血管內血細胞凝聚及毛細血管抵抗力降低有改善作用。

(4) 祛痰鎮咳：柚子的外層果皮，即為常用中藥化橘紅。其中所含檸檬烯和蒎烯，吸入後，可使呼吸道分泌物變多變稀，有利於痰液排出，具有良好的祛痰鎮咳作用，是治療老年慢性咳喘及虛寒性痰喘的佳品。

【附方】

(1) 老年咳嗽氣喘：柚子 1 個取皮，削去內層白髓，切碎，放於有蓋碗中，加適量飴糖（或蜂蜜），隔水蒸至爛熟，每日早晚各以一匙，沖入少許熱黃酒內服。

(2) 寒冷腹痛，胃痛：柚子 1 個（留在樹上，用紙包好，經霜後摘下）切碎，童子母雞一隻（去內臟）放於鍋中，加入黃酒、紅糖適量，蒸至爛熟，1～2 日吃完。

(3) 發黃，發落（包括斑禿）：柚子核 15 克，開水浸泡，一日 2 ～ 3 次塗拭患部。

(4) 哮喘：重 500 ～ 1000 克的紅心柚子一隻，去瓤加百合 120 克，白糖 120 克，加水煎 2 ～ 3 小時，去渣，分 3 天服完，連服 9 天。

(5) 胃氣不和，嘔逆少食：將柚子連皮水煎湯，加糖調味服。

【養生食譜】

柚子肉燉雞

【原料】柚子 1 個（隔年越冬者佳），雄雞 1 隻（約 500 克左右）。

【製作】先將雞宰殺，按常法洗淨；再將柚子去皮取肉，放入雞肚內，加清水適量，隔水蒸熟，飲湯吃雞。每週 1 次，連服 3 次。

【功效與特點】

此雞具有溫中益氣補肺，下氣消痰止咳的功效，適用於肺虛咳嗽及發作性哮喘等病症。

柚汁蜜膏

【原料】柚子 5 ～ 8 個，蜂蜜 500 毫升，冰糖 100 克，薑汁 10 毫升。

【製作】將柚子去皮核絞取其汁，用文火煎濃稠後，加入蜂蜜、冰糖和薑汁，同熬成膏狀，冷卻後裝瓶備用。每次1湯匙，沸開水沖服，每日2次。

【功效與特點】

此膏具有溫中理氣，和胃止嘔的功效，適用於妊娠噁心嘔吐，胃脘疼痛不適諸病症。

柚封童子雞

【原料】大柚子1個（800～1000克），童子雞1隻（約500克），黃酒適量。

【製作】柚子用刀切取頂蓋後，掏出果肉，保全柚殼（連蓋）備用；雞活殺，去毛剖腹，洗淨後切成小塊備用；將雞塊及內臟放入柚殼內，淋上黃酒2匙，在原處加蓋，用竹籤支牢，再用細鐵絲捆緊，使柚蓋不能移動；將大張白紙用水打溼後糊貼在柚皮外2層，用調成厚糊狀黃泥糊裹柚子外殼，使整個柚子密封（泥厚約1公分）；一刻鐘後待泥略乾，將其放入已準備的柴草灰火槽中（柚蓋朝上），用旺火慢慢煨熟（約4～6小時）；取出泥封柚子雞塊倒入瓷盆中，柚殼切成片，晒（或烘）乾，裝瓶密封保存。雞塊分3～4次食完，柚片每日1次，每次10克用沸水沖泡，代茶飲。

【功效與特點】

此柚皮雞具有補養脾肺，順氣化痰作用，是治療慢性虛弱性支氣管炎和支氣管哮喘的食療驗方。

柚子茶

【原料】熟柚子1個，綠茶100克。

【製作】將柚子頂部平切下一蓋，取出果肉，裝進綠茶，然後蓋頂包紮，置陰涼處1年以上，可取茶葉開水沖服。

【功效與特點】

此茶具有行氣消食止痛的作用，能防治腹痛、腹瀉及消化不良諸症。

柚皮燉橄欖

【原料】柚皮 15 克，橄欖 30 克。

【製作】將柚皮洗淨切碎，放入鍋內加水 700 毫升，煮熟後去渣取汁，約 500 毫升；投入洗淨橄欖，置陶瓷盛器內，用旺火蒸至橄欖熟透，即可隨意服食。1 日服完。7 日為一療程。

【功效與特點】

此食品具有和中安胃，降逆止嘔的功效。適用於肝胃不和型妊娠嘔吐及腹脹，噯逆諸病症。

【宜忌】柚子性寒，脾胃虛寒者少食。

白果

【簡介】為銀杏科植物銀杏的種子。又名靈眼、銀杏、佛指甲、鴨腳子。銀杏是裸子植物銀杏綱中唯一存留下的樹種，為舉世公認的「活化石」。古老的寺廟多植有銀杏，僧民尊銀杏為聖樹，敬其果為佛果。又因其形似小杏，核色銀白又名銀杏。銀杏葉類似鴨腳掌，故又名「鴨腳」。

【性味】性平，味甘苦澀，有小毒；入肺、腎經。

【功效主治】

斂肺氣，定喘嗽，止帶濁，縮小便，消毒殺蟲。主治哮喘，痰嗽，夢遺，白帶，白濁，小兒腹瀉，蟲積，腸風臟毒，淋病，小便頻數，以及疥癬、漆瘡、白瘤風等病症。

【食療作用】

(1) 抑菌殺菌：白果中含有的白果酸、白果酚，經實驗證明有抑菌和殺菌作用，可用於治療呼吸道感染性疾病。白果水浸劑對各種真菌有不同程度的抑制作用，可止癢療癬。

(2) 祛痰止咳：白果味甘苦澀，具有斂肺氣、定喘咳的功效，對於肺病咳嗽、老人虛弱體質的哮喘及各種哮喘痰多者，均有輔助食療作用。

(3) 抗澇抑蟲：白果外種皮中所含的白果酸及白果酚等，有抗結核桿菌的作用。白果用油浸對結核桿菌有很強的抑制作用，用生菜油浸染的新鮮果實，對改善肺結核病所致的發熱、盜汗、咳嗽咳血、食慾不振等症狀有一定作用。因此可用於治療肺結核。

(4) 止帶濁，縮小便：現代醫學研究發現白果有收縮膀胱括約肌的作用。對於小兒遺尿，氣虛小便頻數，帶下白濁，遺精不固等病症，有輔助治療的作用。

(5) 降低血清膽固醇，擴張冠狀動脈：銀杏葉中含有莽草酸、白果雙黃酮、異白果雙黃酮、甾醇等，近年來用於治療高血壓及冠心病、心絞痛、腦血管痙攣、血清膽固醇過高等病症。

【附方】

(1) 治眩暈（梅尼爾氏症）：生白果 3 枚搗碎，開水沖服，每日 1 次，連服數日，或白果 3 枚，桂圓肉 7 個同燉服，每天清晨空腹 1 次。或用白果仁 25 克，炒乾研為細末，裝入瓶中備用。每次取 5 克左右，用 30 毫升溫紅棗湯送服，每日 3 次。

(2) 治咳嗽痰喘：白果仁 9 克，麻黃 9 克，甘草 6 克。水煎於睡前服用。或白果仁 10 克，炒後去殼，加水煮熟，再加蜂蜜或食糖調味服用。

(3) 治肺結核：中秋前採收白果（不去柄），浸入生菜油中 100 天後可使用。於每日 3 餐前或睡前服 1 枚；或白果 12 克（杵碎），白毛夏枯草 30 克，同水煎服，每日 1 劑，2 次分服。服藥期間，如皮膚出現紅點，表明有毒副反應，應停止服用。

(4) 治遺尿：白果炒香，5 ～ 10 歲兒童，每次吃 5 ～ 7 枚。成人每次吃 8 ～ 10 個，每日 2 次。食時細嚼慢嚥，以遺尿停止為度。或白果 7 枚（兒童 7 歲以下，每歲 1 枚去殼搗碎，每天清晨用沸豆漿沖，加糖去渣服，連用 10 天）。

(5) 治尿路感染：白果 10 枚燉熟，連湯服下，每日早、晚各 1 次，連服 3 日。

(6) 治腎虛遺精：白果 15 克（杵碎），芡實、金櫻子各 12 克。水煎服，每日 1 劑。

(7) 治乳糜尿：白果樹皮 30 克，水煎服，每日 1 劑。

(8) 治大便出血：白果 30 克，藕節 15 克。共為細末分服，一日內服完。

(9) 治蟯蟲病：生白果數枚，搗爛成糊，敷肛門上，每晚 1 次，連用 5 ～ 7 天。

(10) 治婦女白帶過多：白果仁 10 枚，冬瓜子 30 克，加水 500 毫升，煎成 200 毫升溫服。或白果仁 7 枚搗碎，用熱豆漿沖服，每日 1 次，連服數日。或白果仁 3 枚研末，和雞蛋清混勻煮熟，每日 1 ～ 2 次。或白果 15 克，胡椒 3 克，蓮肉 15 克。水煎服。

(11) 治婦女帶下清稀，腰酸腿軟：炒白果（杵碎），椿根白皮 12 克，烏賊骨 12 克，山藥 12 克。水煎服，每日 2 次。

(12) (12) 治肺虛喘咳，腎虛遺尿，小便頻數，婦女體虛，白帶過多：白果 10 克左右（去殼及果蕊），豆腐皮 60 克～ 89 克，稻米 100 克。同煮成稠粥食用。每日 1 劑。

(13) 治脾虛泄瀉，痰喘咳嗽，小便淋痛，水腫，糖尿病：白果仁（去殼）10 枚，薏仁 60 克。加適量水煮熟放入冰糖或白砂糖調味食用。每日 1 次。

(14) 治婦女白帶過多，小兒虛寒腹瀉：白果 2 枚，新鮮雞蛋 1 顆，先在雞蛋一端開一小孔，放入白果後，置於碟上隔水蒸熟服用，每日 1 次，連服數日。

(15) 治小兒消化不良性腹瀉：乾白果仁 2 枚研細末，放入雞蛋內。將雞蛋豎在烤架上置微火烤熟，頓食。日 1 ～ 2 次。

【養生食譜】

銀杏膏

【原料】白果肉、陳茶、核桃各 120 克，蜂蜜 250 毫升。

【製作】將白果肉去白膜，搗爛；陳茶略烘為細末；核桃肉搗為細末。將以上三物細末同入瓷鍋中，加入蜂蜜；文火煉稠，取下等涼即可。

【功效與特點】

銀杏膏香甜可口，質稠不膩，具有潤肺止咳的功效。對於久咳不癒，虛勞咳嗽者有輔助治療作用。常人亦可經常服用。

白果蛋

【原料】生雞蛋 1 顆，生白果仁 2 枚。

【製作】將雞蛋一端開一小孔，白果去殼後由蛋殼孔中塞入雞蛋內，用紙黏封住蛋孔，口朝上放碗裡，隔水蒸熟，食白果及蛋。

【功效與特點】

白果蛋具有澀腸止帶，益氣安中的作用。對婦女白帶過多，小兒虛寒腹瀉等症有效。

桂花白果

【原料】白果肉 300 克，白糖、糖桂花、溼澱粉各適量。

【製作】將白果肉放入清水鍋中，煮約 10 分鐘，撈出洗淨；鍋內重放清水，放入白果燒煮至熟，加入白糖，用溼澱粉勾芡，放入糖桂花，出鍋裝盤即成。

【功效與特點】

此食品具有滋陰潤肺，止咳生津的功效。適用於肺陰不足所致的久咳，乾咳，氣喘，痰多等病症，亦可作為脾虛食慾不振等患者的輔助治療菜餚。

香菇銀杏

【原料】水發香菇 150 克，淨銀杏肉 50 克，白糖、溼澱粉、麻油、生油各適量。

【製作】將水發香菇去雜洗淨，擠乾水分；銀杏仁肉洗淨，下油鍋略炸後，撈出去掉種皮、胚；炒鍋燒熱放入生油，投入香菇和銀杏肉略煸炒後，放精鹽、白糖、高湯、醬油、味精，用旺火煮沸改至小火燉至入味，用溼澱粉勾芡，淋上麻油裝盤即成。

【功效與特點】

此菜具有益氣固腎，降低血壓的功效。可作為脾胃虛弱、食少乏力、或腎虛氣喘、高血壓、高血脂、冠心病等病症患者的食療佳品。

白果蓮子粥

【原料】白果 10 枚，蓮子 50 克。

【製作】蓮子加水煮熟，加入炒熟白果（去殼）共煮粥。加白糖調味食用。

【功效與特點】補腎固精。適用於腎精不固之遺精，咳喘者。

白果橄欖冰糖水

【原料】白果 20 枚，鮮橄欖 10 枚，冰糖適量。

【製作】白果去外殼，浸泡後去內皮、心，橄欖去核，同放砂鍋內，加清水 750 毫升，小火煎至 250 毫升，去渣取汁。代茶頻飲。

【功效與特點】清肺化痰。適用於肺癌咳嗽有痰者。

白果炒蝦仁

【原料】河蝦仁 400 克，白果 12 枚，精鹽 3 克，雞蛋清 1 個，溼澱粉 10 克，乾澱粉 5 克，沙拉油 500 克（約耗 50 克）。

【製作】

（1） 將蝦仁去沙線，洗淨，瀝去水分，加入鹽、味精、乾澱粉、蛋清拌和成漿。白果仁汆過。

（2） 鍋架火上，加油燒至五成熱時，放入蝦仁滑油，待變白色時撈起。鍋留餘油燒熱，放入蝦仁、白果，翻炒均勻，淋入溼澱粉勾芡，再淋入明油即成。

【功效與特點】

色澤嫩白，鹹鮮宜口。本菜具有補腎壯陽，益氣定喘，因腎補肺的功效。可治小便頻數、支氣管炎、陽痿早洩、產後血虛等症。

白果煨排骨

【原料】豬排骨 250 克，白果仁 20 克，紹酒 5 克，醋 3 克，精鹽 3 克，味精 3 克，蔥段 10 克，薑片 10 克，雞湯 200 克。

【製作】

(1) 將豬排洗淨，切成 7 公分長的條塊，放入開水鍋中汆後撈出；白果仁沖洗後去皮，放入開水鍋中煮 20 分鐘，撈出。

(2) 將豬排骨放入鍋中，加入雞湯、蔥薑、紹酒、醋、鹽、味精，用中火煨，等八成熟時，放入白果仁。將煨好的排骨、白果仁放入湯盤中，原湯汁用旺火收汁，澆在排骨上即成。

【功效與特點】

鮮鹹濃郁，肉質軟糯。本菜具有滋陰潤燥，養肺補胃，鎮咳去痰等功效。可防治肺結核、咳嗽、梅尼爾氏症、痔瘡出血等症。

【宜忌】

白果含有氰化氫，過量食用可出現嘔吐、發熱煩躁、呼吸困難等中毒病症，嚴重時可中毒致死，故不可多食，宜熟食。

榧子

【簡介】為紅豆杉科植物榧的種子。又名香榧、玉山果、赤果。秋季採摘，晒乾備用。

【性味】性微溫，味甘；入肺、胃、大腸經。

【功效主治】

殺蟲消積，潤肺化痰，滑腸消痔，健脾補氣，去瘀生新。主治蟲積腹痛，小兒疳積，肺燥咳嗽，便祕，痔瘡，體虛腳弱，小兒遺尿等病症。

【食療作用】

(1) 驅除腸道寄生蟲：榧中所含的大量榧子油，能有效驅除腸道中絛蟲、鉤蟲、蟯蟲、蛔蟲、薑片蟲等各種寄生蟲。並且具有殺蟲而不傷人體正氣的特點，是有效的天然驅蟲食品。

(2) 治療絲蟲病：臨床研究證明榧子對微絲蚴有一定的殺滅作用，將本品與血餘炭制蜜丸服用，可使微絲蚴轉陰率達 45%。

(3) 增強食慾，消積化穀：榧子中所含脂肪油氣味微香略甜，能幫助脂溶性維他命的吸收，改善胃腸道功能狀態，起到增進食慾，健脾益氣，消積化穀的作用。

(4) 強身健體，提高機體免疫力：榧子含有豐富的營養成分，可補充人體的必需營養物質。同時，榧子中大量的脂肪油具有潤肺止咳祛痰，潤腸通便的作用，有利於排除體內的致病毒素，達到強身健體，提高機體免疫力的效果。

(5) 消積墮胎：榧子含有一種生物鹼，能消症化積，對子宮有收縮作用，民間常用以墮胎。

【附方】

(1) 治寸白蟲：榧子，每日食 7 粒，連食 7 日。

(2) 治蛔蟲，鉤蟲，蟯蟲，薑片蟲：榧子炒熟，每日早晨空腹時嚼食 30 ～ 60 克。每日 1 次。

(3) 治痔瘡，疝氣，小便頻數，小兒疳積，夜盲：每日嚼食榧子 7 粒。

(4) 治婦女乳房腫痛:生榧子研細，米醋調之如糊，塗於患部，每日更換1次。

【養生食譜】

椒鹽香榧

【原料】香榧生坯 2 公斤，食鹽 100 克。

【製作】將榧子去除雜質，按顆粒大小分成二、三檔，以便分別炒製。先放白砂於鍋內炒熱，然後倒入香榧預炒，至半熟時，離鍋篩去砂子，倒入冷水中浸泡片刻；撈出瀝乾後重新倒入鍋中，以猛火炒至熟，篩去砂粒放入鹽水中浸漬片刻，再擠出瀝乾，入鍋內復炒至乾燥即成。每日食 200 克左右。

【功效與特點】

炒香榧具有殺蟲強體的功效，可治療鉤蟲病，經常食之，以大便中蟲卵消失為度，效果良好。

榧子飲

【原料】生榧子 20 克。

【製作】將榧子切碎，加適量水煎，去渣，空腹飲汁，每日服 1 次，連服 2 ～ 3 天。

【功效與特點】

此飲具有殺蟲止癢的功效，對蟯蟲、肛癢有一定的食療作用。

炒榧仁

【原料】榧仁 500 克，薄荷霜 50 克，冰糖 100 克。

【製作】將榧仁刮去黑皮；炒鍋燒熱，加入冰糖、薄荷霜熬成濃汁，倒入去皮榧仁拌炒收汁，起鍋晾涼即可。

【功效與特點】

本品具有清肺火，健脾氣，化痰止咳的功效。適用於肺燥咳嗽，脾虛生痰等病症。

榧子素羹

【原料】榧仁 50 克，稻米 100 克。

【製作】榧子去皮殼取仁，稻米洗淨;鍋中加入清水，與榧仁、稻米一同以大火煮沸，然後改小火熬成濃羹。

【功效與特點】

此羹味道甜美，入口綿軟；具有健脾益氣，養胃補虛的功效。適用於脾胃虛弱、久病氣虛、體倦肢軟、食慾不佳者食之。

【宜忌】

榧子所含脂肪油較多，易滑腸，大便稀溏者不宜多食；素有痰熱體質者慎食。

核桃仁

【簡介】為胡桃科植物胡桃的種仁。歷史傳說：胡桃本出羌胡。漢時張騫出使西域始得此種，攜歸後植於中原。因此果外有青皮肉包裹，其形如桃，故日胡桃。此果果肉油潤香美，十分珍稀名貴，僅作貢品供皇上食用，故古時稱其為「萬歲子」。又名胡桃肉、羌桃、萬歲子。

【性味】性溫，味甘；入腎、肺經。

【功效主治】

補腎固精，溫肺定喘，潤腸通便，消腫散毒。主治腎虛不固，腰腳酸軟，陽痿遺精，小便頻數，肺腎氣虛，咳嗽氣喘，大便燥結，痔瘡便血等病症。

【食療作用】

(1) 補虛強體，提供營養：經動物實驗證明，含胡桃油的混合脂肪飲食，可使體重增加，血清蛋白增加，而血膽固醇平均值升高卻較慢，故核桃是難得的一種高脂肪性物質的補養品。

(2) 消炎殺菌，養護皮膚：桃核仁有直接的抑菌消炎作用。據臨床報導，將核桃仁搗爛製成的核桃焦油氧化鋅糊膏，治療皮炎、溼疹，有效率可達100%。核桃仁富含的油脂，有利於潤澤肌膚，保持人體活力。

(3) 防癌抗癌：實驗證明，核桃有效成分對小鼠S37腫瘤有抑制作用。核桃對多種腫瘤，如食道癌、胃癌、鼻咽癌、肺癌、甲狀腺癌、淋巴肉瘤等都有一定的抑制作用。此外，核桃對癌症患者還有鎮痛，提升白血球及保護肝臟等作用。

(4) 健腦防老：核桃仁含有較多的蛋白質及人體營養必需的不飽和脂肪酸，這些成分皆為大腦組織細胞代謝的重要物質，能滋養腦細胞，增強腦功能。

(5) 淨化血液，降低膽固醇：核桃仁能減少腸道對膽固醇的吸收。並可溶解膽固醇，排除血管壁內的「污垢雜質」使血液淨化，從而為人體提供更好的新鮮血液。所以，核桃仁有防止動脈硬化，降低膽固醇的作用。此外，核桃還可用於治療非胰島素依賴型糖尿病。

【附方】

(1) 治神經衰弱：每日早晚各吃核桃 2 枚；或核桃仁、黑芝麻各 30 克，桑葉 60 克，共搗爛如泥為丸（每丸 3 克），每次 3 丸，每日 2 次；或核桃仁 10 克，黑芝麻 10 克，桑葉 60 克，共攪成泥狀，加適量糖，臨睡前服。

(2) 治脾腎虛，咳喘：核桃仁 10 克，五味子 5 克，黨參 10 克。水煎湯服。每日 2 次。

(3) 治小兒百日咳：核桃仁（保留紫衣），冰糖各 30 克，梨 150 克。共搗爛加水煮成汁，每服 1 匙，每日 3 次。

(4) 治慢性氣管炎：核桃仁 25 克，搗爛加糖服，長期堅持，可見效果。

(5) 治支氣管哮喘：核桃仁 1 ～ 2 枚，生薑 1 ～ 2 片，放入口中細細嚼食，每日早晚各 1 次；或核桃仁 30 克，補骨脂 9 克。水煎服，早晚分服。

(6) 治咳嗽：核桃仁 9 克，搗爛加糖適量拌勻，開水沖服，每日早晚服用。

(7) 治肺結核：核桃仁 90 克，柿餅 90 克。水煎熟，每日 3 次分服。隔日 1 劑，連續服用 7 劑為一療程。

(8) 治腎炎：核桃仁 9 克，蛇蛻 1 條。共焙乾研末，用黃酒沖服，每日 3 次。

(9) 治尿路結石：核桃仁、冰糖、香油各等量。香油先熬一下，再加入核桃仁，炸至棕色時撈起，再入冰糖末熬成糊狀每日 3 次，每次 2 湯匙，連續服用；或核桃仁、冰糖各 120 克，香油 50 毫升，共放鐵勺中熬 15 分鐘，涼後內服，每日 1 劑，早晚分服。或核桃仁 120 ～ 150 克，用食油炸酥，加白糖適量混合研磨，使成糊狀，於 1 ～ 2 天內分次服完（兒童酌減），連服 5 ～ 7 天。

(10) 治腎虛耳鳴、遺精：核桃仁 10 克，五味子 4.5 克，蜂蜜適量，臨睡前加水燉服；或核桃仁 30 克，豬腎 2 個（切片），豬油少許，同置鍋中炒熟，每晚睡前趁熱服，連服 3 天。

(11) 治腎虛尿頻：核桃煨熟，臨睡前剝殼嚼食，用溫米酒送服。

(12) 治腹瀉：核桃仁 1 枚，加冰糖適量同炒成炭，水煎服用；或核桃殼燒存性，研細末，每次 2 克，每日 2 次吞服。

(13) 治嘔吐：核桃 1 枚燒存性研細末。胃寒者以薑湯送下；胃熱者用黃岑 12 克煎湯送服。每日 2 次。

(14) 治偏頭痛：核桃仁 15 克，水煎，加適量白糖沖服。每日 2 次，連服數日。

(15) 治菌痢：核桃仁 10 克，枳殼 20 克，皂角 3 克。用新瓦焙乾存性，共研細末，每服 6 克，每日 3 次，茶水送服。

(16) 治習慣性便祕：核桃仁 60 克，黑芝麻 30 克，共搗細。每日早晚各 1 匙，溫開水送服。長年便祕者，連續服用有效；或核桃仁、芝麻、松子仁各 25 克，共搗爛加蜂蜜調用，早晚空腹各 1 次。

(17) 治嘔逆：核桃果乾 15 克，生薑 6 克。水煎服，每日 1～2 次。

(18) 治頑癬：核桃仁去油研細，以紗布包裹擦患處。每日 1～2 顆，每日 3 次。

(19) 治中耳炎：先用雙氧水將耳內膿水洗淨，再滴核桃油 2～3 滴，每日 2～3 次。

(20) 治瘤腫：核桃仁搗爛塗敷患處，每日換藥 2 次。

(21) 治腋臭：先洗淨患處，用核桃油塗之，並以手按摩片刻，每日 3 次。

(22) 治淋巴結結核：鮮核桃嫩枝 30 克，鮮大薊 30 克。水煎代茶飲。每日 3 次。

(23) 治子宮頸癌早期輔助治療：用鮮核桃嫩枝 30～35 公分，雞蛋 4 顆，加水同煎。蛋熟後去殼再煮 4 小時，每次吃雞蛋 2 顆，每日 2 次，連續服用。

(24) 治疥癬：核桃果殼適量，水煎洗患處，每日 2～3 次。

(25) 治腎虛夜尿多，腰膝酸軟，陽痿早洩，疳積，肺結核：核桃肉 100～150 克，蠶蛹 50 克（略炒），隔水蒸食。每日 1 劑。

(26) 治腎虛陽痿，遺精，夜尿多：核桃仁 10 克，韭菜 150 克。加麻油下鍋炒熟，用食鹽少許調味佐膳。每日 1 次。

（27） 治神經衰弱，頭痛失眠，健忘，久喘，腰痛，習慣性便祕：核桃仁 5 枚，白糖 50 克。放在瓷碗中搗碎成泥，再放入鍋中，加 50 毫升黃酒，再文火煎煮 10 分鐘，每日食 2 次。

（28） 治神經衰弱，失眠健忘，小便餘瀝不淨，白濁：核桃仁 50 克，搗碎，細稻米隨食量而定淘淨，加水適量煮成粥。經常佐餐食。每日 1 次。

（29） 治肺腎兩虛型久咳久喘：取核桃仁和炒甜杏仁各 250 克。先將杏仁放在鍋中煎煮 1 小時，再將核桃仁放入，收汁將乾時，加蜂蜜 500 克，拌勻至沸即可。每日 1 次。

（30） 治陽痿：核桃仁 50 克。先以香油炸黃，再加入洗淨，切成段的韭菜翻炒，調味食鹽，佐餐隨量食用。每日 1 ～ 2 次。

【養生食譜】

核桃薑丸

【原料】核桃肉、生薑各 300 克，白蜜 100 毫升。

【製作】將核桃肉、生薑各去皮，搗爛如膏狀。白蜜以火加熱、煉濃，倒入搗爛的核桃肉、生薑，調和均勻，出鍋，待冷後，製如梧桐子大小的丸子，每晚睡前服 1 丸。

【功效與特點】

本丸具有止咳平喘之功效，用於年老久咳不能平臥，或氣促難臥之病症。

香脆核仁肉

【原料】核桃肉 750 克，甜麵醬 120 克，食用鹼、鮮薑末各適量，白糖 130 克，熟花生油 1000 毫升。

【製作】將核桃仁放入開水中，加少許食用鹼，浸泡 30 分鐘，撈出去皮；鍋置火上倒入花生油燒熱，下核桃肉，用小火炸至呈金黃色，撈出瀝去油；原鍋留少許底油，上火加熱後放入白糖，糖溶化後放入甜麵醬和薑末，再倒入適量白開水。攪勻後加入核桃肉翻炒幾下，將鍋離火，晾涼後澆上適量熟花生油，顛翻幾下，待滷汁收縮，裹住核桃仁即成。

【功效與特點】

本品具有止咳潤燥，通便之功效，適用於虛寒咳喘，腰痛腳弱，腸燥便祕，老年性便祕及產婦便祕等病症。婦女美容及老年皮膚乾燥者亦可常食。

核桃仁豌豆泥

【原料】核桃仁 150 克，鮮豌豆 750 克，藕粉、白糖、花生油各適量。

【製作】豌豆加清水燒至熟爛，倒入盆內，去皮渣，擦成細泥；鍋放火上，加入花生油燒熱，投入核桃仁，炸至酥透後，撈出瀝油，待涼後剁成細末；鍋置火上加適量清水燒開，再加入豌豆泥、白糖，攪勻，煮沸，吡粉、水勾稀芡，盛入碗內，撒上核桃仁細末即成。

【功效與特點】

本品具有健脾益腎的功效，適用於脾胃虛弱，腎虛腰痛患者服食，健康者亦可常食。

核桃粥

【原料】核桃肉 50 克，粳米 100 克，冰糖適量。

【製作】將核桃肉放溫水中浸泡，去掉薄皮，切碎；粳米洗淨；將米、核桃肉放入鍋中，加水適量，用大火煮沸，改為小火煮粥，調入冰糖溶化即成。

【功效與特點】

此粥健脾和中，潤肺生津，適用於體虛倦怠，咳嗽無痰，消瘦肢弱等病症。常食者能長壽、健美。

胡桃粥

【原料】胡桃仁 120 克，粳米 100 克。

【製作】二味加水，煮成稀粥。加糖食用，每日 1 ～ 2 次。

【功效與特點】

補脾益腎。適用於肺腎兩虛引起的咳喘，大便乾結者，或體虛乏力者。

胡桃芝麻燉牛心

【原料】胡桃仁、黑芝麻各 30 克，大棗 10 枚，牛心 150 克，料酒和精鹽各適量。

【製作】牛心洗淨，切片；大棗去核、洗淨的桃仁、黑芝麻、牛心片同入鍋，加適量水、料酒和鹽，先用武火煮後，改用文火燉至牛肉熟爛即可。佐餐用，飲湯食料。

【功效與特點】

補氣健脾，補血養肝，烏須黑髮，補腎固精，溫肺定喘，潤腸通便。適用於腎虛咳嗽，腰痛肢軟，陽痿遺精，大便乾結，鬚髮早白者。

胡桃枸杞子燉鹿肉

【原料】鹿肉 500 克，巴戟天 30 克，胡桃肉 60 克，枸杞子 15 克，紅棗 5 個，調味料適量。

【製作】鹿肉洗淨，切塊，用開水汆過；巴戟天、枸杞子洗淨；胡桃肉微炒；紅棗去核洗淨。全部原料一起放入燉盅內，文火隔水燉 3 小時，調味食用。食肉，飲湯。

【功效與特點】

溫補精血，益腎壯陽，健腦益智。適用於虛精血虧損引起腰酸軟無力，記憶力減退者。

核桃雞肝

【原料】雞肝250克，核桃50克，蒜片、料酒、香菇、花生油、精鹽、醬油、味精、清湯、溼澱粉、香油各適量。

【製作】雞肝、香菇切片；核桃仁切碎。雞肝放油鍋內稍炒，加蒜片、核桃仁、香菇及各種調味料，勾芡，淋香油出鍋。佐餐食用。

【功效與特點】健腦增智，明目養肝。適於老人和青少年健腦用。

胡桃龍眼雞丁

【原料】胡桃肉30克，龍眼肉10克，嫩雞肉200克，雞蛋1顆，芫荽50克，薑、蔥、胡椒粉、澱粉、白糖、醬油、麻油、食鹽各適量。

【製作】胡桃肉入油鍋炸熟，切成細粒；龍眼肉洗淨切細粒；雞肉去皮洗淨切丁，用胡椒粉、白糖、食鹽拌勻醃漬；芫荽、薑、蔥各切末；雞蛋打入碗中加澱粉調成汁。油放入炒鍋中燒熱，下薑、蔥末熗鍋，加入雞丁，炒片刻，加醬油炒至將熟時，下胡桃肉、龍眼肉拌炒至熟，再倒入雞蛋汁炒至熟，最後撒芫荽末，淋上麻油炒勻即可。佐餐用。

【功效與特點】補腎健脾，養心安神。適用於心腎兩虛失眠健忘者。

胡桃銀耳燉海參

【原料】胡桃肉18克，銀耳10克，瘦豬肉、海參各60克。

【製作】將胡桃肉用開水泡燙，去內衣;銀耳泡開，洗淨，摘小朵;瘦豬肉洗淨，切絲;海參浸軟，洗淨，切絲。把全部用料一齊放入燉盅內，加開水適量，燉盅加蓋，文火隔水燉1小時，調味即可。隨量食用。

【功效與特點】補腎益精，潤肺養胃。適用於中老年人肺腎虛弱者。

核桃仁肉

【原料】豬瘦肉 150 克，核桃 6 枚，黃醬 20 克，1 顆雞蛋的蛋清，澱粉 50 克，花生油 400 克（實耗 100 克），香油 10 克，白糖、蔥、薑、蒜、味精各少許。

【製作】豬肉切成小丁，加薑末、味精、香油拌勻。核桃去殼取仁，用開水燙後剝去內皮。將拌入味的肉丁掛上蛋清澱粉糊，放入燒至七成熱的花生油中，待肉丁顏色變白盛入盤中。用餘油將核桃仁炸酥，放入肉丁盤裡。仍用鍋內餘油，放入蔥花、黃醬將白糖兌少許水後下鍋，用大火燒至醬色油亮時，倒入肉丁、核桃仁、蒜片、味精，翻炒數下後淋入香油，出鍋裝盤即成。佐餐食用。

【功效與特點】

補脾益腎，健腦增智。適用於脾腎兩虛引起的頭昏失眠，記憶力減退者及知識工作者。

人參胡桃飲

【原料】人參 3 克，胡桃肉 3 個。

【製作】人參、胡桃肉同時入鍋，加水文火煎煮 1 小時即可。飲湯並將人參、胡桃肉嚼食。

【功效與特點】補肺益腎，生津潤肺。肺腎氣虛導致的咳喘者。

核桃燒魷魚

【原料】核桃仁 15 克，水發魷魚 200 克，淨豬肉 50 克，油菜、火腿、水發玉蘭片各 5 克，雞蛋 1 顆，紹興酒、花椒水、醬油、豬油、白糖、蔥、薑絲、鹽、味精、雞湯、溼澱粉各適量。

【製作】核桃仁放油內炸熟；水發魷魚劃丁字花刀，切成條入沸水中燙至捲筒狀；豬肉切薄片，要蛋清、溼澱粉拌勻，入油鍋滑熟；油菜洗淨；玉蘭片、火腿切片。鍋內放油燒熱，用蔥、薑熗鍋，加雞湯，放入油菜、玉蘭片、火腿、醬油、紹興酒、花椒水、鹽、白糖、味精、肉片、魷魚捲，燒煮開後用溼澱粉勾芡，加入核桃仁裝盤即可。佐餐食用。

【功效與特點】補腎潤肺，納氣平喘。適用肺腎氣虛引起的喘咳。

胡桃枸杞肉丁

【原料】豬里肌肉200克，胡桃肉100克，雞蛋1顆，枸杞20克，熟豬油500克（實耗100克），紹興酒、精鹽、蒜片、味精、蔥粒、胡椒麵、薑片、溼澱粉各適量。

【製作】將豬肉洗淨，切成小丁，放入碗內，加鹽、溼澱粉、蛋清拌勻。另用鹽、紹興酒、胡椒粉、味精、溼澱粉同盛肉丁碗內，加鮮湯調成滋汁。胡桃肉用開水洗淨切成小丁；枸杞用溫開水浸泡洗淨。胡桃肉炸成淺黃色撈起，將油瀝去。另下豬油燒四成熱時，放入肉丁，用竹筷撥散，瀝油。鍋內留油30克，放入薑、蒜炒香，下胡桃肉、枸杞炒勻，烹入滋汁，炒勻裝盤。每週2～3次，佐餐食用。

【功效與特點】

補虛生精，健腦益智。適用於體弱乏力，記憶力減退及知識工作者。

【宜忌】

核桃仁油膩滑腸，泄瀉者慎食；此外，核桃仁易生痰動風助火，痰熱咳嗽及陰虛有熱者忌食。

花生

【簡介】為豆科植物落花生的種子。又名落花生、長生果、番豆、地果。花生起源於南美洲的巴西和祕魯一帶。花生的果實為莢果，通常分為大中小三種，形狀有蠶繭形、串珠形和曲棍形。蠶繭形的莢果多具有種子 2 粒，串珠形和曲棍形的莢果，一般都具有種子 3 粒以上。果殼的顏色多為黃白色，也有黃褐色、褐色或黃色的，這與花生的品種及土質有關。花生果殼內的種子通稱為花生米或花生仁，花生果具有很高的營養價值。

【性味】性平，味甘；入脾、肺經。

【功效主治】

醒脾和胃，潤肺化痰，滋養調氣，清咽止咳。主治營養不良、食少體弱、燥咳少痰、咳血、齒衄鼻衄、皮膚紫斑、腳氣、產婦乳少等病症。

【食療作用】

(1) 促進人體的生長發育：花生中鈣含量極高，鈣是構成人體骨骼的主要成分，故多食花生，可以促進人體的生長發育。

(2) 促進細胞發育，提高智力：花生蛋白中含十多種人體所需的胺基酸，其中賴胺酸可使兒童提高智力，麩胺酸和天門冬胺酸可促使細胞發育和增強大腦的記憶能力。

(3) 抗老化，防早衰：花生中所含有的兒茶素對人體具有很強的抗老化的作用，賴胺酸也是防止過早衰老的重要成分。常食花生，有益於人體延緩衰老，故花生又有「長生果」之稱。

(4) 潤肺止咳：花生中含有豐富的脂肪油、可以起到潤肺止咳的作用，常用於久咳氣喘、咳痰帶血等病症。

(5) 凝血止血：花生衣中含有油脂和多種維他命，並含有使凝血時間縮短的物質，能對抗纖維蛋白的溶解，有促進骨髓製造血小板的功能，對多種出血性疾病，不但有止血的作用，而且對原發病有一定的治療作用，對人體造血功能有益。

(6) 防止冠心病：花生油中含大量的亞油酸，這種物質可使人體內膽固醇分解為膽汁酸排出體外。避免膽固醇在體內沉積，減少高膽固醇發病機會，能夠防止冠心病和動脈硬化。

(7) 滋血通乳：花生中含豐富的脂肪油和蛋白質，對產後乳汁不足者，有滋補氣血，養血通乳作用。

(8) 預防腸癌：花生纖維組織中的可溶性纖維被人體消化吸收時，會像海綿一樣吸收液體和其他物質，然後膨脹成膠帶體隨糞便排出體外。當這些物體經過腸道時，與許多有害物質接觸，吸取某些毒素，從而降低有害物質在體內的積存和所產生的毒性作用，減少腸癌發生的機會。

【附方】

(1) 治各種出血症：將落花生衣製成 100% 注射液，一般少量出血症，每日肌肉注射 1 ～ 2 次，每次 2 ～ 5 毫升。嚴重大出血可行靜脈注射，每日 1 ～ 2 次，每次 20 ～ 40 毫升。

(2) 治慢性氣管炎：取落花生衣 60 克，加水煎約 10 小時以上，過濾，濃縮到 100 毫升，加糖。每日 2 次服，10 日為一療程。

(3) 治凍傷：將花生皮炒黃，研成細粉，每 50 克加醋 100 毫升調成漿狀，另取樟腦 1 克，用少量酒精溶解後加入調勻，塗於凍傷處厚厚 1 層，用布包好。每日 1 次。

(4) 治急慢性菌痢：取食用花生油高壓滅菌製成注射液，於兩側上巨虛及足三里行穴位注射，每穴 1 毫升。每日 1 次。

(5) 治蛔蟲性腸梗阻：取熟花生油內服。15 歲以下者，每次頓服 60 毫升，服後 6 小時不見好轉者，重服 1 次。少的服 1 次，多的服 4 次，年齡在 16 歲以上者，頓服 80 毫升，少的 1 次，多的 3 次，服後嘔吐者，可加調味劑，或從胃管注入。同時配合一般支持療法，糾正電解質紊亂，嚴重者禁食。

(6) 防治傳染性急性結膜炎：用經過過濾和高壓消毒的花生油行耳穴注射。選穴：肝、目或肝、眼，重症加皮質下，雙側耳穴注射，每穴 0.1 毫升，每日 1 次。

(7) 治高血壓：取花生殼 120 克。水煎服，每日 1 次。或將花生殼烤乾研成粉末，每次 2 克，每日 3 次。20 天為一療程。

(8) 治高膽固醇：取花生殼 120 克。水煎服，每日 1 次後改為通脈靈片（每片含乾花生殼 0.2 克），每次 5 片，每日 3 次。

【養生食譜】

花生小豆鯽魚湯

【原料】花生米 200 克，赤小豆 120 克，鯽魚 1 條。

【製作】將花生米、赤小豆分別洗淨，瀝去水分；鯽魚 1 條剖腹去鱗及肚腸；將花生米、赤小豆及洗淨的鯽魚同放一大碗中；加入料酒、精鹽少許，用大火隔水燉，待沸後，改用小火燉至花生爛熟即可。

【功效與特點】

本湯具有健脾和胃，利水消腫的功效。適用於營養不良所致的體虛浮腫，小便不利等慢性疾患。

花生粥

【原料】花生米 50 克，桑葉、冰糖各 15 克。

【製作】取飽滿花生米洗淨，瀝去水分，桑葉揀去雜質；花生米加水煮沸，入桑葉及冰糖，改小火同煮至爛熟，去桑葉，其餘服食。

【功效與特點】

此粥具有止咳平喘，潤腸通便的功效。是肺燥咳嗽、哮喘發作、百日咳、大便瘀結等病症良好的輔助治療食品。

紅棗花生衣湯

【原料】紅棗50克，花生米100克，紅糖適量。紅棗洗淨，用溫水浸泡，去核；花生米略煮一下，冷後剝衣；將紅棗和花生衣放在鍋內，加入煮過花生米的水，再加適量的清水，用旺火煮沸後，改為小火煮半小時左右；撈出花生衣，加紅糖溶化，收汁即可。

【功效與特點】

本湯具有強體益氣，補血止血的功效。適用於氣血兩虛所致的胃果食少，短氣乏力及各種出血病症。

花生粳米粥

【原料】落花生50克，粳米100克，冰糖適量。

【製作】將花生與粳米洗淨加水同煮，沸後改用文火，待粥將成，放入冰糖稍煮可。

【功效與特點】

本粥具有健脾開胃，養血通乳的功效，適用於脾虛納差、貧血體衰、產後乳汁不足等病症。經常食之有補益的作用。

紅棗和燒兔肉

【原料】紅棗10枚，花生料50克，兔肉500克，調味品適量。

【製作】將紅棗、花生料、兔肉洗淨，入鍋內煮熟燉爛，調味品即可。每日分2次佐餐食用。

【功效與特點】補氣養血，健脾固腎。適用於血虛、面色無華之人。

蓮子花生湯

【原料】蓮子肉、花生米各100克，白糖適量。

【製作】將蓮子去皮和心（亦可用乾蓮子，已去皮、心者，但需浸泡）備用；將乾淨的蓮子和花生米放入鍋中，加水適量，先武火煮沸後改用文火燉至蓮子及花生米酥爛，加入白糖至其溶化後即成。飲湯食料。

【功效與特點】健脾益腎，補氣補血。適用於脾腎虛弱，氣血不足者。

【宜忌】

花生富含油脂，體寒溼滯及腸滑便泄者不宜服食；忌食黴變花生。

松子

【簡介】為松科植物紅松的種子。又名海松子、松子仁、新羅松子。松子含脂肪、蛋白質、碳水化合物等。松子既是重要的中藥，久食健身心，滋潤皮膚，延年益壽。可食用，可做糖果、糕點輔料，還可代植物油食用。

【性味】性溫，味甘；入肝、肺、大腸經。

【功效主治】

滋陰養液，補益氣血，潤燥滑腸。主治病後體虛，肌膚失潤，肺燥咳嗽，口渴便祕，頭昏目眩，心悸等病症。

【食療作用】

(1) 祛病強身，促進生長發育：松子中富含不飽和脂肪酸，如亞油酸、亞麻油酸等，這些類脂是人體多種組織細胞的組成成分，也是腦髓和神經組織的主要成分。多食松子能夠促進兒童的生長發育和病後身體恢復。

(2) 軟化血管，防病延年：松子中所含的不飽和脂肪酸和大量礦物質如鈣、鐵、磷等，一方面能夠增強血管彈性，維護毛細血管的正常狀態，降低血脂，預防心血管疾病；另一方面，能給機體組織提供豐富的營養成分，強壯筋骨，消除疲勞，對老年人保健有極大的益處。

(3) 潤膚澤顏，烏髮美容松仁富含油脂和多種營養物質，有顯著的辟穀充飢作用，能夠滋潤五臟，補益氣血，充養肌增，烏髮白膚，養顏駐容，保持健康形態，是良好的美容食品。

(4) 潤腸通便：松仁富含脂肪油（約 74%），主要為油酸酯和亞油酸酯，能潤腸通便緩瀉而不傷正氣，對老人體虛便祕，小兒津虧便祕有一定的食療作用。

【附方】

(1) 治肺燥咳嗽：松子仁 30 克，胡桃仁 60 克。研膏，和熟蜜 15 克收之，每服 6 克，食後沸湯點服。每日 3 次。

(2) 治老人虛祕：松子仁 50 克，柏子仁 50 克，火麻仁 50 克。同研細末，溶白蠟丸桐子大，以黃丹湯二三十丸，食前服，每日 2 ～ 3 次。

(3) 治肝腎不足，頭暈目花：松子仁 10 克，黑芝麻 10 克，枸杞子 10 克，菊花 10 克。水煎服，每日 1 次。

(4) 治便祕：松子仁 30 克，火麻仁 20 克，柏子仁 20 克，玄參 15 克，麥冬 15 克。水煎服，每日 2 次。

【養生食譜】

雞油炒松仁

【原料】松仁 300 克，雞油、甜醬、豆粉各適量。

【製作】鍋置旺火上，倒入雞油，待油煮沸加入松仁，快速翻炒，將熟時加入甜醬、豆粉少許，炒勻後起鍋，待涼即可。

【功效與特點】

松仁經雞油炒後，香甜鬆脆，具有滋養機體、潤燥止咳、通便等功效。適用於肺燥咳嗽、腸燥便祕、肌膚不榮、毛髮枯槁等病症。

雙仁湯

【原料】松子仁 100 克，胡桃仁 200 克，蜂蜜 50 毫升。

【製作】將松子仁、胡桃仁去皮殼，研碎末待用；蜂蜜傾入鍋中熬熟，加入松子仁末和胡桃仁末，邊熬邊攪拌，至濃稠起鍋。待涼即可。每次飯後用溫開水送服本湯 10 克。

【功效與特點】

此湯具有潤燥止咳的功效，適用於肺中燥熱、乾咳無痰、久咳不癒等病症。

松仁配菜

【原料】米粉 250 克，松仁 50 克，白糖、素油各適量。

【製作】松仁壓碎末，米粉內加入松仁末、白糖，以水和勻，做成小餅劑；食油倒入鍋內燒熱，將餅劑入油鍋內煎，至兩面焦黃即可。

【功效與特點】

此點心香脆酥甜、老幼皆宜，具有增進食慾、健脾養胃的功效。適用於肝胃虛弱、食慾不佳、病後體弱諸病症。

松仁雞

【原料】雞 1 隻（約 500 克），松仁 50 克。

【製作】將雞按常法製淨，入沸水中煮稍滾取出，剝取雞皮待用；取雞脯肉與松仁拌和均勻，剁成肉蓉，攤在雞皮上，將雞皮裹好，入熱油中略炸至皮黃，起鍋，瀝去油，裝碗，置火上蒸 50 分鐘即可。

【功效與特點】

此餚製作考究，味香肉酥嫩，易於消化吸收，適於胃納不佳等病症，是一道上乘的營養保健食品。

松子鴨羹湯

【原料】熟鴨脯肉 200 克，冬瓜、松子仁、冬菇、精鹽、味精、清湯、火腿、豬油各適量。

【製作】先將熟鴨脯肉切成方丁；冬菇去蒂洗淨後與火腿同切成方丁；冬瓜去皮、瓤，洗淨後切成丁；松子仁用小火炒熟，與熟鴨丁同放入碗中；鍋內加入清湯，放入冬瓜、冬菇、火腿、精鹽、味精燒開，撇淨浮沫，加入豬油、湯再次沸後，倒入盛放松子、鴨脯肉丁的湯碗內即成。佐餐食用。

【功效與特點】益壽延年、清火利水。適用於中老年人。

松子鴨心

【原料】雞心 100 克，松子 30 克，大蔥粒、生薑粒、蒜片、胡椒粉、精鹽、白糖、味精、料酒、溼澱粉、香油各適量，植物油 500 克。

【製作】將松子去皮，放鍋內用小火炒熟，搓去內衣。雞心洗淨，用刀切開，在上面劃上十字花刀。用小碗加精鹽、白糖、味精、胡椒粉、香油、清湯、溼澱粉兌成汁水。鍋內加入植物油，燒至六七成熱時，將雞心入油中炸至雞心塊捲曲時，撈出控油。鍋內留少許底油，燒熱後，加入蒜片、蔥薑粒煸出香味，下入雞心略炒，烹入料酒，加松子仁，倒入汁水，翻勻芡汁，盛出即可。佐膳食用，每週 1 ～ 2 次。

【功效與特點】

補心鎮驚、健腦益智。適用於心悸失眠、記憶力減退者。

【宜忌】

松子含豐富的油脂，滋膩性較大，易潤滑腸道，所以咳嗽痰多、大便溏瀉者、不宜多食。此外，松子食用不可過量，過食易蓄髮熱毒。

栗子

【簡介】為殼斗科植物栗的種仁。又名板栗、栗果、大栗。栗子有「乾果之王」的美稱，在國外被譽為「人參果」。栗子中不僅含有大量澱粉，而且含有豐富的蛋白質、脂肪、維他命 B 群等多種營養成分，熱量也很高，古時還用來代替飯食。春秋戰國時期，栽種栗子已很盛行。香甜味美的栗子，自古就作為珍貴的果品，是乾果之中的佼佼者。

【性味】性溫，味甘平；入脾、胃、腎經。

【功效主治】

養胃健脾，補腎強筋，活血止血。主治反胃不食，泄瀉痢疾，吐血，衄血，便血，筋傷骨折瘀腫、疼痛，瘰癧腫毒等病症。

【食療作用】

(1) (1) 益氣補脾，健胃厚腸：栗子是碳水化合物含量較高的乾果品種，能供給人體較多的熱能，並能幫助脂肪代謝。保證機體基本營養物質供應，有「鐵桿莊稼」、「木本糧食」之稱，具有益氣健脾，厚補胃腸的作用。

(2) 防治心血管疾病：栗子中含有豐富的不飽和脂肪酸、多種維他命和礦物質，可有效預防和治療高血壓、冠心病、動脈硬化等心血管疾病，有益人體健康。

(3) 強筋健骨，延緩衰老：栗子含有豐富的維他命 C，能夠維持牙齒、骨骼、血管肌肉的正常功用，可以預防和治療骨質疏鬆，腰腿酸軟，筋骨疼痛、乏力等，延緩人體衰老，是老年人理想的保健果品。

【附方】

(1) 治便血，反胃嘔吐：栗子殼 50 克，煅炭研細末存性，每次 5 克，開水送服。每日 3 次。

(2) 治脾虛泄瀉，腰腿酸軟：板栗肉適量，煮熟食用。每日 2 次。

(3) 治筋骨損傷腫痛：生栗子肉嚼爛，敷患處，每日 1 次。

(4) 治漆過敏：栗樹皮或根皮 2 份，蟹殼 1 份，各煅炭研細末存性，用麻油調敷患處。每日 1 次。

(5) 治異物刺傷殘留：新鮮栗子數枚。剝去外殼，搗爛如泥，用飴糖少量調勻敷於患處，每日 1 次。直至吸出異物及炎症消退為度，效果良好。

(6) 治兒童消化不良性腹瀉：栗子 7 ～ 10 枚，去殼搗爛，加清水適量煮糊狀，再加白糖適量調味，餵服，每日 1 次。

(7) 治久病體弱，創傷：生栗子 500 克，加水煮 30 分鐘，待冷剝去皮，再隔水蒸 30 分鐘。趁熱放在鍋盆中加入 250 克白糖，用勺壓拌均勻成泥。以塑膠瓶蓋或啤酒蓋為模，將栗泥填壓成形即可。每次 10 克，每日 3 次。

(8) 治慢性支氣管炎：栗子 250 克（去皮），瘦豬肉 500 克（切塊），加食鹽、薑、豆豉少許，燒煮熟爛，分頓佐餐食用，每日 2 次。

(9) 治百日咳：板栗仁 30 克，玉米鬚 10 根，冬瓜 30 克，冰糖 30 克。加 500 毫升水，同煎至 250 毫升時服用。每日 2 ～ 3 次。

(10) 治小兒四肢軟弱無力，三四歲尚不能行走：食生栗子，每次 5 枚，每日 3 次。

(11) 治腎虛腰膝無力：新鮮栗子每日空腹食 7 枚，再食豬腎粥，每日 2 次。

【養生食譜】

栗糕

【原料】栗子 200 克，糯米粉 500 克，白糖 50 克，瓜子仁、松仁各 10 克。

【製作】將栗子去殼，用水煮極爛，加糯米粉和白糖，揉勻，入熱屜中旺火蒸熟，出屜時撒上瓜子仁、松仁。

【功效與特點】

本糕味香甜糯軟，具有健脾益氣養胃、強筋健骨補虛的功效，適用於年老體弱，腰膝酸軟，不欲納食等病症。

栗子糊

【原料】栗子 500 克，白糖適量。

【製作】將栗子去皮殼，晾乾磨粉。取適量栗子粉加清水煮熟為糊，調入白糖即可。

【功效與特點】

栗子糊具有健脾胃，厚腸道的功效，對於小兒腹瀉有良好的輔助治療作用。

紅豆栗子白糖羹

【原料】栗子 250 克，紅小豆、白糖各 1000 克，凍粉 40 克。

【製作】栗子洗淨，略煮後去外皮，再放入鍋內煮熟；紅小豆以水浸泡後煮爛，搓去豆皮過篩，再用紗布濾去水分，製成豆沙；將清水煮沸，加凍粉煮化，再加白糖，煮沸後濾去渣，與豆沙同煮，邊煮邊攪，至豆沙黏稠時起鍋；先往方盤中倒入一半豆沙，再放上煮好的栗子，把另一半豆沙倒在栗子上面，待凝固後，切成小長方塊即可。

【功效與特點】

本羹具有補氣健脾，散血止血的功效。適用於脾虛泄瀉、吐血、衄血、便血等病症。無病者可強身健體。

板栗燉母雞

【原料】板栗 150 克，母雞 1 隻約 1500 克，薑塊 20 克，蔥 30 克，精鹽、紹興酒各適量。

【製作】板栗去外殼；蔥、薑洗淨，薑拍碎，蔥打結；雞去內臟，洗淨切塊。將鍋置火上，加清水，雞煮沸，撇淨浮沫，加紹興酒、薑塊、蔥結，加板栗燉至板栗、雞肉熟透，加精鹽調味即成。佐餐食用，每週 1 ～ 2 次。

【功效與特點】

補血益氣，強身壯體，健腦益智。適用於身弱乏力、記憶力不佳及知識工作者。

板栗雞肉湯

【原料】雞半隻（約 500 克），鮮栗子肉 500 克，冬菇 30 克，生薑 2 片。

【製作】鮮栗子肉用開水燙，稍浸後剝去外衣。冬菇用水浸軟，去蒂、洗淨;雞洗淨，斬件。將雞、栗子、薑片一齊放入鍋內，加清水適量，武火煮沸後，文火煲 1 小時，再加冬菇煲 20 分鐘，調味供用。佐餐食用。

【功效與特點】補益脾胃，益氣養血。適用於脾胃虛弱倦怠乏力者。

栗子燒白菜

【原料】板栗 50 克，白菜 200 克，醬油、植物油、味精、鹽、香油、糖、水澱粉各適量。

【製作】將栗子用刀切開一個小口，放入開水中煮熟，剝去外殼及種皮，切成兩半。將白菜洗淨，切成小方塊。鍋置火上，注入植物油，油燒至七成熟時，投入白菜塊，略炸片刻撈出，控盡油。另起鍋，放入少量油，油熱時投入炸好的白菜塊、栗子，放入醬油、鹽、糖，迅速煸炒，加入少量水，用水澱粉勾芡，汁濃時淋入香油，放入味精即成。佐餐用。

【功效與特點】

健脾養胃，益腎，止血。適用於脾胃虛弱，食少便血，體倦乏力，大便帶血及壞血病等病症。

板栗紅燒肉

【原料】五花豬肉 450 克，去皮板栗 100 克，蔥片 10 克，薑片 20 克，溼澱粉 10 克，醬油 8 克，白糖 8 克，紹酒 8 克，胡椒粉 4 克，精鹽 1 克，味精 1 克，八角 4 克，桂皮 3 克，沙拉油 50 克。

【製作】將豬肉洗淨，切成 2 公分見方的塊，放入開水鍋中稍煮，撈出瀝水。鍋架火上，倒入油燒熱，放入糖煸炒至深紅色，把豬肉、蔥、薑、八角、桂皮同放入鍋中，煸炒至紅亮，烹入紹酒、醬油，加入適量開水、鹽、味精、胡椒粉，燒開，轉用小火慢煨至肉爛，放入板栗燒熟，溼澱粉勾芡即可。

【功效與特點】

豬肉細嫩，板栗醇香。本菜具有補中益氣，健脾止瀉等功效。可治筋骨疼痛，小便頻數，津傷口渴等症。

【宜忌】

栗子「生極難化，熟易滯氣」，脾胃虛弱，消化不良者不宜多食。

國家圖書館出版品預行編目（CIP）資料

吃出來的免疫力：水果甜蜜的外表下，隱藏著仙丹還是毒藥？/ 許承翰，才永發著．-- 第一版．-- 臺北市：崧燁文化，2020.07
面；　公分
POD 版

ISBN 978-986-516-407-2(平裝)

1. 食譜 2. 水果

427.32　　　　109009807

書　　名：吃出來的免疫力：水果甜蜜的外表下，隱藏著仙丹還是毒藥？
作　　者：許承翰，才永發 著
責任編輯：柯馨婷
發 行 人：黃振庭
出 版 者：崧燁文化事業有限公司
發 行 者：崧燁文化事業有限公司
E - m a i l：sonbookservice@gmail.com
粉 絲 頁：　網 址：
地　　址：台北市中正區重慶南路一段六十一號八樓 815 室
8F.-815, No.61, Sec. 1, Chongqing S. Rd., Zhongzheng Dist., Taipei City 100, Taiwan (R.O.C.)
電　　話：(02)2370-3310 傳　真：(02) 2388-1990
總 經 銷：紅螞蟻圖書有限公司
地　　址: 台北市內湖區舊宗路二段 121 巷 19 號
電　　話:02-2795-3656 傳真 :02-2795-4100　網址：
印　　刷：京峯彩色印刷有限公司（京峰數位）

定　　價：299 元
發行日期: 2020 年 07 月第一版
◎ 本書以 POD 印製發行